户外林草机械装备目录

（2021年）

国家林业和草原局科学技术司　编

CFPH

中国林业出版社

图书在版编目（C I P）数据

户外林草机械装备目录（2021 年）/ 国家林业和草原局科学技术司编 . -- 北京 : 中国林业出版社 , 2022.3

ISBN 978-7-5219-1546-4

Ⅰ . ①林 Ⅱ . ①国 Ⅲ . ①林业机械 – 科技成果 – 汇编 – 中国②草原建设 – 畜牧场机具 – 科技成果 – 汇编 – 中国 Ⅳ . ① S776 ② S817.8

中国版本图书馆 CIP 数据核字 (2022) 第 001765 号

户外林草机械装备目录（2021 年）

责任编辑：于晓文 张 佳

出版发行：中国林业出版社

（100009，北京市西城区刘海胡同 7 号）

电 话：（010）83143542

印 刷：北京富诚彩色印刷有限公司

版 次：2022 年 3 月第 1 版

印 次：2022 年 3 月第 1 次印刷

开 本：185mm×260mm 1/16

印 张：5.5

字 数：140 千字

定 价：68.00 元

户外林草机械装备目录

（2021年）

编制说明

习近平总书记强调，要大力推进农业机械化、智能化，给农业现代化插上科技的翅膀。为加快林草装备现代化建设，推进林草机械化、智能化，国家林业和草原局科学技术司组织中国林业机械协会、国家林业和草原局哈尔滨林业机械研究所等单位梳理户外作业类林草机械装备科技成果。经向林草领域高校、科研院所和林草机械生产企业等单位公开征集用于户外作业或与户外作业直接关联的初级加工林草机械，通过专家评估形成《户外林草机械装备目录（2021年）》（以下简称《目录》），包括营林机械、经济林果生产机械、林木生产机械、森林保护机械（病虫害防治和防扑火装备）、园林机械、草原机械等六大类100项技术产品。

一、编制目的

为促进林草机械科技成果向现实生产力转化，加快成果应用推广，促进供需有效对接，加快迭代更新，不断提升户外林草机械装备产品先进性、可靠性和实用性，为林草事业高质量发展提供坚实的技术支撑和装备保证。

二、遴选原则

（一）坚持需求导向原则。重点面向当前营造林、森林抚育、灾害防控、园林绿化和草原种植管理等工作中亟待提升机械化作业水平的领域，开展林草机械装备技术产品征集遴选。

（二）坚持广泛征集原则。面向林业、农业高校、科研院所和一批林草机械骨干企业开展科技成果征集，旨在进一步激发市场主体活力，鼓励林草机械企业加快技术创新和产品结构调整，提供更多更好的技术装备。

（三）坚持先进实用原则。林草机械装备技术产品要求技术先进，性能稳定、可靠和安全，已在林区、林场、草原等作业中取得较好应用，具有良好推广前景。

（四）促进成果转化原则。推动产学研用深度融合，促进科技协同创新，加快林草机械装备产业创新升级，提升产品和服务供给质量。

三、主要内容

（一）按专业分。本《目录》重点收集营林机械、经济林果生产机械、林木生产机械（包括采伐、集材、运输和贮存等机械）、森林保护机械（包括病虫害防治和防扑火装备）、园林机械、草原机械等六大类100项技术产品。

其中，营林机械31项、经济林果生产机械10项、林木生产机械8项、森林保护机械24项（病虫害防治装备9项、防扑火装备15项）、园林机械15项、草原机械12项。

（二）按来源分。本《目录》中高校、科研院所科技成果共47项，高校、科研院所牵头企业合作科技成果共7项，企业科技成果共46项。

林草领域高校、科研院所科技成果47项，主要来自国家林业和草原局哈尔滨林业机械研究所、北京林业大学、湖南省林业科学研究院、东北林业大学、中国农业大学、内蒙古农业大学、中国农业科学院草原研究所等7家单位。

高校、科研院所牵头企业合作科技成果共7项，主要来自北京林业大学、国机重工集团常林有限公司、广西森工智能科技有限公司、河北哈沃机器人有限公司、国家林业和草原局北京林业机械研究所、湖南省林业科学研究院、安吉前程竹木机械有限公司、福建呈祥机械制造有限公司、南京林业大学、南通市广益机电责任有限公司。

企业科技成果共46项，主要来自江苏林海动力机械集团有限公司、绿友机械集团股份有限公司、国机重工集团常林有限公司、柳州柳工挖掘机有限公司、南通市广益机电责任有限公司、天立泰科技股份有限公司、江苏沃得植保机械有限公司、浙江西贝虎特种车辆股份有限公司、北京北汽森防汽车有限公司、哈尔滨北方防务装备股份有限公司、徐州屈恩工程机具制造有限公司、济宁市常青矿机有限责任公司、宁波大叶园林设备股份有限公司、浙江中马园林机器股份有限公司、永康威力科技股份有限公司、浙江卓远机电科技股份有限公司、山东华盛中天机械集团股份有限公司、浙江三锋实业股份有限公司、浙江派尼尔科技股份有限公司、扬州维邦园林机械有限公司、潍坊海林机械有限公司、潍坊拓普机械制造有限公司、中国农业机械化科学研究院呼和浩特分院有限公司等23家企业。

受多方面因素的约束，本《目录》还有诸多不足，敬请广大读者提出宝贵意见。

国家林业和草原局科学技术司

2021年12月

目　录

营林机械

经济林果生产机械

林木生产机械

森林保护机械（病虫害防治和防扑火装备）

园林机械

草原机械

附　录

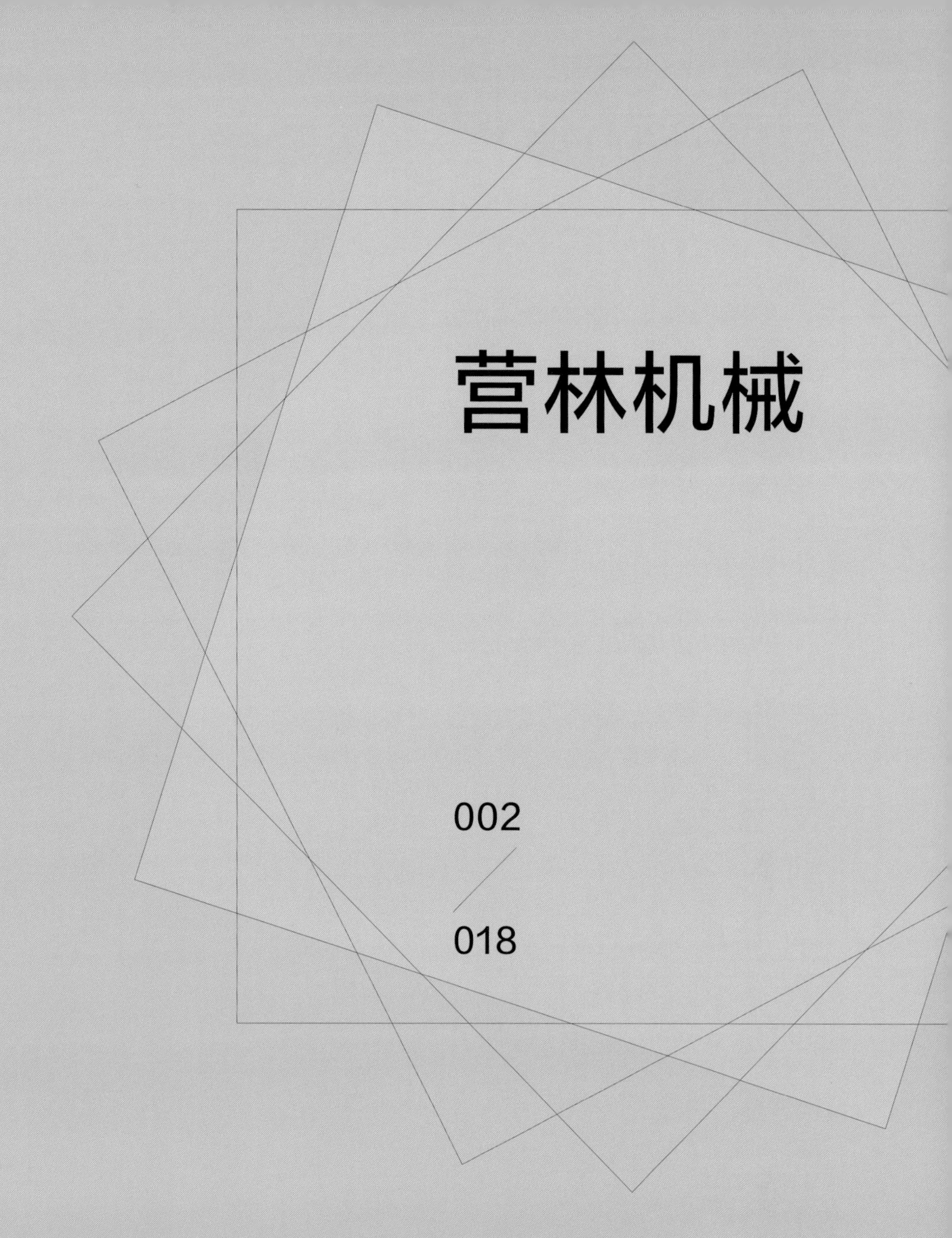

营林机械

2RZ-J200 型 林木育苗装播生产线

100-1

主要技术参数

播种量：1 ~ 5 粒 / 穴

生产率：160 ~ 220 盘 / h

播种精度：≥ 95%

配套苗盘尺寸（宽 × 长）：280 mm×480 mm

配套苗盘规格：可选穴 5 cm×9 cm

播种形式：双排针吸

真空泵吸气速率：1.0 L / min

空压机动力：2.2 kW

进水压力：0.7 MPa

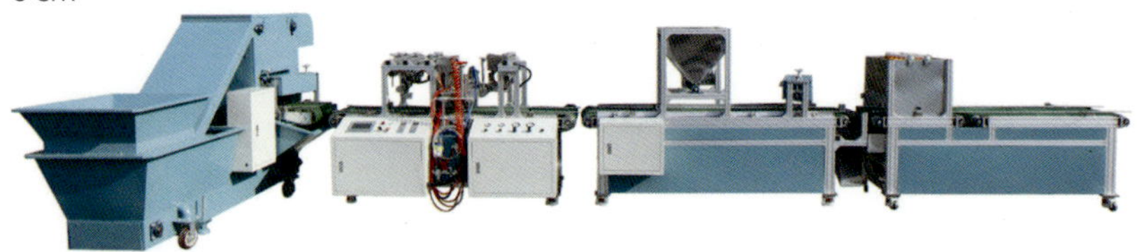

适用范围

工厂化育苗，有效提高苗木成活率。

设备特点

能准确、高效地完成穴盘育苗播种。做到自动装填、自动播种、自动覆土、自动浇水等全自动一体化操作。本装播生产系统由基质装填机、精量播种机、覆土机、喷淋机组成，选配基质粉碎机、基质搅拌机、全降解苗杯成型机、各规格苗盘、可降解育苗杯。

1GHY-45 型 林木球果烘干机

100-2

主要技术参数

功率：4.4 kW

最高温度：75℃

装载量：1600 kg

控制方式：自动控制

外形尺寸：10 m×4.5 m×1.5 m

适用范围

樟子松、落叶松等树种的球果烘干作业。

设备特点

由微机自动控制，调制工艺合理，球果开裂率大，出种率及发芽率高，装载量大，能耗低。

1ZC-50 型 林木种子去翅精选机

100-3

主要技术参数

生产率：200 kg / h

功率：2.0 kW

去翅率：> 95 %

破损率：< 2 %

适用范围

樟子松、落叶松等树种种子的去翅作业。

设备特点

带翅种子经料斗进入螺旋爪给料装置后，进行输送给料。给料螺旋爪转速可调。采用变频调速装置，均匀给到去翅螺旋爪滚筒。去翅螺旋爪分为左旋与右旋，使带翅种子在滚筒内反复揉搓。由于左旋爪与右旋爪的数量差，使去翅后的种子与碎翅移向可调出量衡，可调出料衡通过重力（或电磁力）的调整，使带翅种子的去翅程度为最高，同时种子损伤率为最低。

2ZDB-1000 型 林木种子带制作机

100-4

主要技术参数

作业幅宽：1000 mm

平均穴盘量：4 ~ 6 粒

穴盘量合格率：≥ 90%

播种空穴率：≤ 3%

穴孔均布误差：± 4 mm

种子破损率：≤ 3 %

播种密度：≥ 500 穴 / m^2

生产率：100 ~ 160 m^2 / h

外形尺寸：3190 mm × 1500 mm × 1050 mm

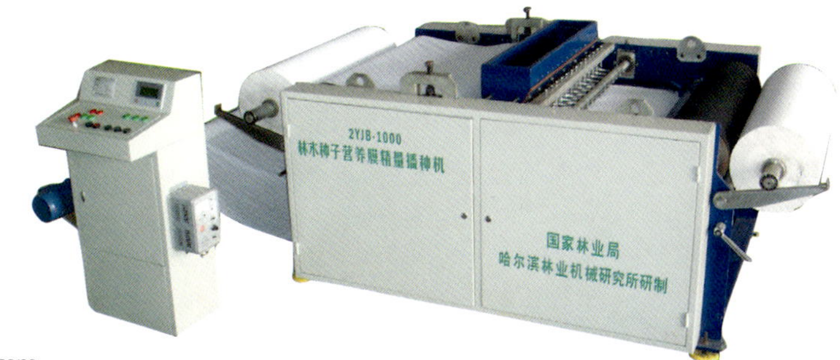

适用范围

落叶松、樟子松、云杉等树种床作精量播种作业。

设备特点

性能稳定可靠，结构简单，较好地实现了技术先进、实用和经济性的统一，实现了林业育苗播种作业的工厂化、集约化生产。

2RBW-1500 型 无纺布育苗杯制作机

100-5

主要技术参数

电源：220V，50 Hz

超声频率：22 kHz

电机额定功率：1.5 kW

额定转速：980 r / min

焊接模具：配合 32 穴、48 穴育苗盘

计数：采用数显计数

外形尺寸：1000 mm×580 mm×880 mm

适用范围

利用超声波溶合技术开发的育苗杯制作机，制作可全降解的育苗容器，可实现通过快速更换成型模具，实现不同规格育苗杯的制作，满足不同苗木育苗需要。

既绿色环保又不影响苗木根系生长。

设备特点

利用无纺布为原材料，经过超声波成型焊接，将无纺布制成锥状育苗杯。具有可降解、透气性和保水性好、成本低等特点。

BYJ-800 型 油茶苗木嫁接机

100-6

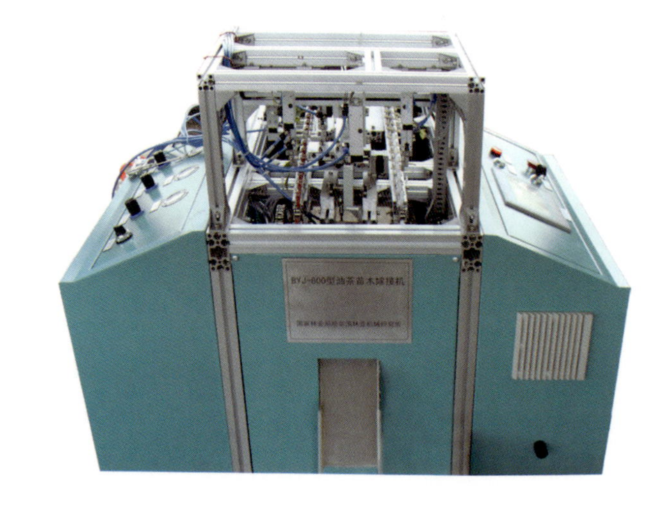

主要技术参数

最大载重：500 kg

电源电压：380 V

动力功率：2.2 kW

生产率：800 株 / h

适用范围

适应南方各省份不同生产工艺的需要。可提高优质种苗生产率和嫁接质量，降低劳动用工强度。

设备特点

能适应标准化生产工艺作业模式，实现了砧、穗木苗的自动传递、切削、对中插接、固定等系列工序，实现苗木自动嫁接，两套系统分别采用硅胶苗夹和铝箔固接方式。

2ZYZ-18 型自行式苗木移植机

100-7

主要技术参数

发动机功率：9.6 kW

生产率：16 ~ 18 千株 / h

开沟深度：15 ~ 18 cm

移植密度：160 ~ 200 株 /m^2

窝根率：≤ 1 %

外形尺寸：3265 mm×1950 mm×1680 mm

适用范围

落叶松、樟子松、云杉、红松等 1 ~ 2 年生床作裸根换床苗。

设备特点

彻底解决了移植密度无法满足林区育苗技术规程要求的难题；减轻了换床作业的劳动强度，避免了换床工作中苗木窝根现象，提高了苗木的质量。

林业播种机

100-8

主要技术参数

作业幅宽：1000 mm

播种行数：5 行

播种量：1.2 ~ 3.6 千粒 / m^2

生产率：3 ~ 6 亩 / h

外形尺寸：1050 mm×1600 mm×610 mm（2BTR-5）、1050 mm×1600 mm×630 mm（2BTH-5）

适用范围

2BTR-5 型适用于落叶松、樟子松、云杉等类似树种床作育苗播种作业；2BTH-5 型适用于红松等类似树种床作育苗播种作业。

设备特点

有 2BTR-5 推式精少量播种机、2BTH-5 推式红松播种机两种机型。具有播种均匀、节约良种、提高生产率和苗木质量、降低育苗生产成本等特点。

2MCX-1100 型 精细筑床机

100-9

主要技术参数

床面宽度：1100±30 mm

床面高度：150 ~ 235 mm

旋耕器耕宽：1250 mm

旋耕器耕深：150 ~ 200 mm

步道犁耕宽：200 mm

步道犁耕深：130 ~ 190 mm

配套动力：35 ~ 60 kW

外形尺寸：2020 mm×1800 mm×1265 mm

适用范围

苗圃筑床作业。

设备特点

实现了土壤精细作业，改善土壤结构，提高土壤墒情，为育苗播种和苗木移植作业提供必要的土壤条件。

2MCF-1100 型 筑床施药机

100-10

主要技术参数

配套动力：55 HP * 以上拖拉机

床面宽度：110 cm

床面高度：15 ~ 25 cm

喷雾量：500 ~ 1000 L/h

生产能力：4 ~ 6 亩 / h

适用范围

北方苗圃机械化作业。

设备特点

大幅度减少施药液量，实现机械化作业，作业质量和作业效率显著提高，按用工量计算作业效率可提高 30 倍以上。

* 1 HP = 0.736 kW。

2FT-125型 容器苗播种覆土机

100-11

主要技术参数

配套动力：30 HP以上拖拉机

覆土宽度：1080 mm

覆土厚度：5～12 mm（可调）

土箱容积：1.25 m^3

生产率：≥5亩/h

适用范围

床作育苗播种后的覆土作业。

设备特点

覆土厚度适宜而且均匀，载土量大，作业效率高。

2BCS-402型 步道除草松土机

100-12

主要技术参数

配套动力：40 HP以上拖拉机

作业幅宽：40 cm×2 cm

作业深度：10～20 cm

生产率：≥5亩/h

适用范围

苗床步道沟除草、松土、辅助防寒等作业。

设备特点

新型的苗圃田间管理作业机械，具有适应性高、坚固耐用、生产效率高等特点。

起苗机

100-13

主要技术参数

2Q-1300 振动式起苗机
配套动力：40 HP 以上拖拉机
最大宽度：135 cm
起苗深度：15 ~ 25 cm
生产率：≥ 5 亩 / h

2QL-532 垄作起苗机
配套动力：40 HP 以上拖拉机
作业幅宽：50 cm
起苗深度：20 ~ 30 cm
生产率：≥ 6 亩 / h

2QCJ-1350 简易起苗犁
配套动力：25 HP 以上拖拉机
最大宽度：135 cm
起苗深度：16 ~ 30 cm
生产率：≥ 8 亩 / h

适用范围

林业苗圃床作育苗生产起苗作业。其中，垄作起苗机适用于 1 ~ 3 年生杨树等垄作大苗的起苗作业。

设备特点

振动式起苗机在简易起苗犁的基础上加装了振动式抖土装置，便于拣苗，大大提高了综合生产效率。

垄作起苗机在进行起苗作业的同时可进行翻地或起垄作业。

简易起苗犁起苗刀刃应锋锐，掘土深度适宜，切土松碎，具有结构简单、坚固耐用、成本低、生产效率高等优点。

简易起苗犁

振动式起苗机

垄作起苗机

5KF-60 型
垦复机

100-14

主要技术参数

配套动力：9 ~ 13 HP 发动机

垦复宽度：600 mm

垦复最大深度：150 mm

爬坡能力：≤ 35°

生产效率：1.2 ~ 1.8 亩 / h

装备重量：120 kg

外观尺寸：2200 mm×720 mm×950 mm

适用范围

山地、丘陵等林地中耕除草等垦复作业。

设备特点

采用链轨式行走机构，爬坡能力达到 35°；采用前悬挂卧式旋耕刀轴，实现利用树干附近的周边垦复除草和松土作业。

3GF-50 型
灌木仿形平茬机

100-15

主要技术参数

锯片直径：450 mm（400~600 mm 可选配）

锯片转速：2870 r/min

工作臂摆角：±90°

作业半径：3.5 m

工作高度差：±2 m

平茬灌木直径：≤ 80 mm

主机功率：50 HP

外形尺寸：

7200 mm×1750 mm×2800 mm（含臂全长）

适用范围

灌木综合利用产业及林地清理作业。灌木综合利用主要体现在生物质发电、人造板、制浆造纸及生物质柴油等多个领域及行业。

设备特点

技术重点在于平茬刀具实现仿形运动，由于机械手本身采用 3 个自由度，加上配套设备的液压臂运动，从而实现 6 自由度的仿形运动，使平茬机械仿形运动非常理想。

3GSS-60型 自走式沙棘枝条收割机

100-16

主要技术参数

锯片转速：1500 r / min

粉碎装置刀盘马达最大转速：1300 r / min

切割头高度调节：52 ~ 740mm

作业宽度：1000 mm

平茬灌木直径：≤ 55 mm

发动机功率：55 kW

外形尺寸：5100 mm×2400 mm×1600 mm（包括前端拨料杆）

适用范围

沙生灌木的平茬作业，主要用于人造板制造、制浆原料等行业，收割粉碎沙生灌木原材料。

设备特点

具有平茬、粉碎、碎料收集 / 自卸等功能，适用于沙棘、沙柳等沙生灌木林平茬复壮，机械作业留茬高度 10 ~ 15cm 可调。

3WG-40型机载挖坑机

100-17

主要技术参数

牵引动力：40 ~ 65 HP 拖拉机

悬挂形式：三点悬挂

挖坑机钻头转速：220 ~ 270 r / min

挖坑机钻头直径：300、400、500 mm

挖坑最大深度：500 mm

生产率：120 个 / h

传动比：1 : 3.18

整机重量：90 kg

外形尺寸：1600 mm×500 mm×1400 mm

适用范围

平原、丘陵、沙地和道路两旁等植树造林的挖坑作业。

设备特点

采用三点悬挂方式，主要由主悬梁、U 形支架、弯梁、减速箱、钻体、阻尼缸体和转动轴等组成。为了保证不同钻孔深度的要求，钻头长度可以根据用户要求改变。

3GS-50型树穴松土机

100-18

主要技术参数

适用动力：20 ~ 30 kW

松土直径：160 ~ 240 mm

松土深度：500 ~ 1000 mm

生产率：40 ~ 50 穴 / h

适用范围

恶劣土质、砂石山地的树穴松土作业。

设备特点

突破传统钻头结构，采用凸点与刀片结合的形式，通过减小钻头与坑壁接触面积，有效地避免接触面积压实而影响根系生长的问题，疏松树穴内土壤，确保苗木根系成长，提高苗木成活率。

助力式挖坑机

100-19

主要技术参数

坡度：≤ 25°

汽油发动机功率：6.5 HP

挖坑直径：150 ~ 350 mm

适用范围

坡度为 25° 以下的山地、丘陵等缓坡地造林植树作业。

设备特点

实现了自走与挖坑的结合，体积小，重量轻，符合市场需求。

多功能清林抚育割灌机

100–20

主要技术参数

整机重量：5500 kg

作业半径：4 m

额定功率：45 kW

最大割灌直径：6 cm

最大锯切直径：20 cm

最大牵引力：100 kN

刀盘径级：600 ~ 900 mm

工作效率：≥ 25 m^2/min

适用范围

人工林的割灌、清林、间伐等作业。

设备特点

所研制工作装置最大清林灌木与采伐径级分别达到 60、200 mm；底盘具有重量轻、底盘转弯半径小、整机行驶作业稳定性好、作业效率高的特点，能够适合人工林林间地面作业的环境保护要求。

驾乘履带式森林可燃物粉碎机

100–21

主要技术参数

整机重量：1500 kg

功率：15 kW

行驶速度：0 ~ 6 km/h

最大爬坡：25°

粉碎直径：10 cm

进料方式：液压驱动自动进料

刀鼓直径：242 mm

产量：1.5 t/h

外形尺寸：3700 mm×1300 mm×2070 mm

适用范围

森林可燃物的清理作业，可有效降低森林火灾的发生。

设备特点

采用液压履带底盘，可在林区崎岖不平的道路及坡路行驶，底盘宽度可调，满足林区树木间距大小不一的问题。解决了一般拖挂粉碎机无法进入林区内工作的难题。转弯半径小，可实现原地零转弯。采用驾乘式可在林区具有较好的视野。匹配高亮度 LED 前照灯，可在林区视线欠佳时照明使用。具有液压自动进料的功能，可根据负载变化调节进退料。最大粉碎直径 10 cm，可满足林区枝丫、枝叶等可燃物的粉碎要求。

割草碎枝机

100-22

主要技术参数

甩锤数量：12

马力：40 ~ 60 hp

侧移范围：73 ~ 111 mm

作业宽度：151 cm

机器宽度：171 cm

重量：490 kg

皮带数量：3

适用范围

割草、碎枝作业。

设备特点

适合多种作业环境，省掉人工割草、捡拾的工作，碎枝能力 2 ~ 15 cm，直接粉碎还田，自然发酵为有机肥料，一天可完成 100 ~ 200 亩的作业，极大的提高了工作效率。

便携式山地锄草机

100-23

主要技术参数

配套动力：两冲程强制风冷汽油发动机

功率：1.25 kW / 7500 r / min

燃油配比：40 : 1

耕宽：170 mm

耕深：20 ~ 50 mm

铝管直径：26 mm

适用范围

林地杂草清理。

设备特点

刀盘及齿轮箱采用新型防缠草机构，不缠草，除草彻底。斜角刀片设计，刀口刃磨，具有良好的滑切效果。相对于人工除草，工效可提高 5 ~ 7 倍。机动灵活，可适应复杂地形。

背负式割灌机

100–24

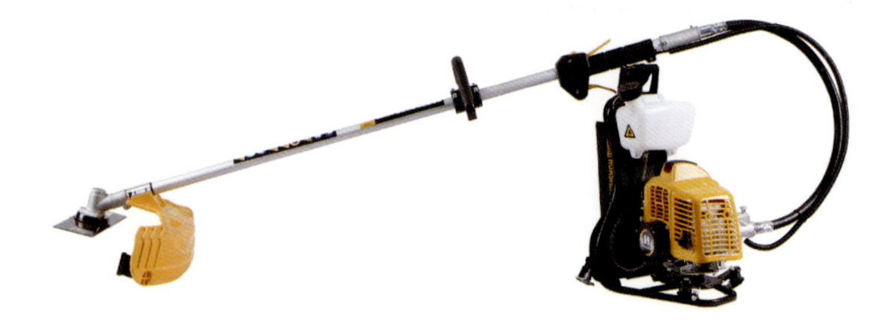

主要技术参数

配套动力：两冲程汽油发动机

排量：42.7 cm^3

输出功率：1.25 kW/ 7000 r / min

净重：10 kg

油箱容积：900 mt

绳轮切割直径：415 mm

刀片直径：255 mm

适用范围

草原牧草收割、园林草坪修整、公路、机场的杂草等多项作业，特别适用山林间穿行作业。

设备特点

两冲程汽油机燃烧效率高、功率大、扭矩大，轻量级，易于使用。

侧挂式割灌机

100–25

主要技术参数

配套动力：两冲程汽油机

排量：39.8 cm^3

输出功率：1.25 kW / 7000 r / min

净重：7.8 kg

油箱容积：970 mt

绳轮切割直径：415 mm

刀片直径：255 mm

适用范围

草原牧草收割，园林草坪、公路、机场的杂草修整，以及鱼草、玉米、苜蓿、大豆、水稻和小麦等收割作业。

设备特点

两冲程汽油机燃烧效率高、功率大、扭矩大，轻量级，易于使用。

58V 锂电割灌机

100–26

主要技术参数

额定电压：58 V 锂电
充电时间：约 60 min
额定功率：800 W
转速：1000 ~ 7000 r / min 可调
割灌机切割直径：260 mm
割灌机刀片：260 mm 3T 刀
打草机切割直径：380 mm
打草绳直径：2.0 mm / 2.4 mm

适用范围

林地清理割灌。

设备特点

高性能无刷电机，扭力大，振动小，噪音小。功率相当于 30 CC 汽油发动机；无极调速开关，高低速任意转换调节；重量轻，平衡性好；可转换背包电池，超大容量 18.2 Ah；兼容 2 AH/4 AH 电池包；智能安全锁，配置液晶显示屏。

便携式清林锯

100–27

主要技术参数

功率 :1.40 kW
排量：30.5 CC
切割直径：200 mm
油壶容积 : 850 mt
工作杆长度：1355 mm

适用范围

林地清理割灌。

设备特点

配置的小型汽油发动机符合节能减排要求，实现了安全高效优化设计开发，功率输出平稳。

0513 系列拓荒机

100-28

主要技术参数

拥有 051360、051372、051384　3 种型号

作业宽度：1550 mm、1850 mm、2100 mm

旋耕地面深度：≤ 100 mm

适用范围

快速清除小型灌木、杂草丛、树桩、枯树等，开辟森林防火隔离带。在林区失火地外围迅速伐倒树木、灌木或杂草，分离受灾区和未受灾区，建立天然的防火屏障，将火源控制在有限范围内。

设备特点

采用变量柱塞马达，保持强劲动力驱动，工作效率高，可快速开垦荒地。采用新型合金刃刀，适用于灌木丛、草丛的拓荒作业。合金刀头具有高强度、高硬度、高疲劳极限的特点，而且易于维护更换。

智慧林业和草原监测装备及系统

100-29

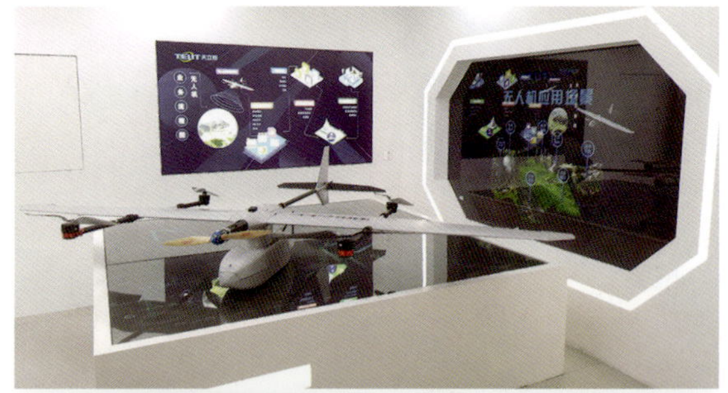

主要技术参数

运用 GIS 技术、遥感技术、人工智能、新一代网络技术及相关设备，实现对森林可视化动态数据监测、应急灾害预警监控等业务

适用范围

林区森林资源监测、森林草原火情监控和自然保护地综合情况监控管理。

设备特点

林长制系统聚焦“资源监管、生态巡护、森林保护、森林经营、灾害预警、公众服务”六大业务，致力于打造数据采集、处理、评价、决策一体化综合应用管理平台，重点实现省、市、县、乡、村森林、湿地资源一张图、一套数据、一个体系监测、一个平台监管。森林防火融合平台可实现火险预警、火情监测、预警推送、火情分析、指挥调度、灾损分析及综合管理。自然保护地综合管控平台为自然保护地的科学管理、整体规划修复提供依据数据支持。

多功能固沙集成技术装备

100-30

主要技术参数

整备质量：19500 kg

最高速度：60 km / h

爬坡能力：25 %

转弯直径：25 m

制动距离：12 m

纵横向插草规格：1000 mm×1000 mm
(2 m×2 m，3 m×3 m)

插草深度：200 ~ 250 mm

草障高度：150 ~ 200 mm

铺设效率：5600 m^2 / h

外形尺寸：10020 mm×2600 mm×3750 mm

适用范围

沙漠治理、水土保持、环境保护、基础设施保护等产业。

设备特点

首部大型多功能立体的、一体化的综合化手段的防风固沙装备。采用改短主梁、四轮驱动与低压沙漠轮胎的大型底盘，拓展了大型设备的沙地通过性，创制了实用化的沙地作业的大型动力平台；具备全液压驱动的机械化插植草沙障装置，实现了高效多行、可调节的自动插值工艺；监控整车状态、作业装置及动力系统状态的信息系统，可以对车辆进行实施调整控制；车速和地面起伏随动的控制方式，拓展了工作装置铺设草沙障的地形适应性；作业系统的散草量、插植速度、草障高度的连续调节的作业参数控制系统；集成随车的 4 自由度大功率高效割灌平茬装置、喷播作业装置及其控制系统。

采用工程技术，铺设各种沙障，有效减少沙丘流动，保护村镇、保障公路铁路设施，能够快速创造出适合植物生存要求的最低环境，通过人工降雨、飞播、喷播集成作业，进行生物治理，达到立体综合治沙的效果，提高栽植平茬的效率，降低工程治沙的成本。

煤矸石山生态治理一机多用泥浆喷播机

100-31

主要技术参数

额定功率 :78 kW

转速 :2500 r / min

喷播扬程 : 60 m

搅拌箱容积 : 6 m^3

离心泵：流量 1350 L / min

出口压力：8 kgf / cm^2

适用浆料浓度：15% ~ 40%

外形尺寸 : 3500 mm×1900 mm×1900 mm

适用范围

废弃矿山等困难立地的生态植被机械化建造以及干旱与半干旱地区表层土壤重构，实现适合本地区植被的可持续恢复。满足不同立地条件的机械化生态恢复与治理。

设备特点

煤矸石山生态植被恢复建造关键设备，采用喷射方式将含种客土或阻燃灭火泥浆输送至煤矸石山表面，完成含种客土有效覆盖或浅孔注浆灭火。注浆、喷浆和喷种功能于一体，具有喷浆速度高、泥浆包裹力以及渗透力强等特点。

经济林果生产机械

油用牡丹果实收获机

100–32

主要技术参数

采摘率：90%

离地间隙：850 mm

发动机功率：20 kW

最大行驶速度：1.8 km / h

整机重量：2000 kg

作业速度：0.9 km / h

爬坡角度：30°

外形尺寸：2000 mm×1800 mm×1700 mm

适用范围

山地丘陵平原地区大面积种植的油用牡丹果实采收作业，满足不同立地条件下的牡丹果实收获需求，具有良好的通过性和越障能力。

设备特点

高地隙履带式底盘，保证该采收设备具有良好的立地条件适应性；剪切式采摘器和螺旋输送器，采收效率高；液压驱动，具有操作方便、响应快速、环境适应性强等特点。

矮化香樟人工林枝叶收集机

100–33

主要技术参数

成料长度：30 ~ 60 mm

配套动力：60 ~ 75 kW

生产能力：3 ~ 5 亩 /h

适用范围

矮化香樟等类似人工林、经济林枝叶收集。

设备特点

机械化采收替代人工采收，采收、粉碎一体化生产，可以提高效率，节约成本，减少枝叶宝贵的挥发性物质损失，提高人工林非木质林产资源高效利用。履带式底盘，能够在困难立地条件具有良好的通行能力。

1500 型 油茶果脱壳机

100-34

主要技术参数

脱壳处理能力：≥ 1200 kg / h

配套动力：4.0 kW

茶果脱净率：≥ 99.2%

果壳与茶籽分选能力：≥ 98%

茶籽破损率：≤ 3.1%

适用范围

油茶鲜果脱壳清选处理。

设备特点

解决了油茶果脱壳加工过程中所出现脱壳率低，整核率低、破碎大，产量低等关键问题。设计合理，结构紧凑，具有先进性、实用性，多种油茶果均可脱壳。脱壳分离率高，核整粒度高，具有损耗低、质量稳定、方便工艺布置等特点，使用简单方便，只需单人即可操作使用。

振动式 油茶果采摘机

100-35

主要技术参数

底盘动力：14.9 kW

最小离地间隙：220 mm

空载行走速度：0 ~ 10 km / h

变速档位：3 进 1 倒

爬坡能力：≥ 15°

转向角度：±30°

最大工作高度：3100 mm

发电机输出功率：3.0 kW

适用范围

适用于油茶林内抚育作业，配合振动式油茶果采摘机可以实现油茶果采收。

设备特点

油茶底盘解决了油茶林机动力机械通过性能，具有较强的越障能力，振动式油茶果采摘作业机具，具有多自由度、可夹持油茶干或枝灵活度高、适应性强的特点。

揉搓型油茶果分类脱壳分选机

100-36

主要技术参数

功率：31 kW（未含干燥）

生产效率：处理量≥ 1.5 t/h

处理指标：剥壳率≥ 99%

茶籽净度：≥ 99%

破损率：≤ 3%

茶籽含水率：≤ 12%

外形尺寸：60000 mm×6000 mm×3500 mm

适用范围

绝大多数油茶良种鲜果加工。

设备特点

生产线由上料装备、剥壳装备、清选装备、干燥装备、包装装备、控制系统等组成，实现油茶鲜果到干籽的产地商品化处理。采用渐变柔性揉搓脱壳技术、复合壳籽分离技术、变温干燥技术，实现从油茶鲜果剥壳、清选、干燥、包装等系列采后加工整套机械化处理。

油茶果处理设备

100-37

主要技术参数

功率：11 kW

生产效率：处理量≥ 1.0 t/h

处理指标：剥净率≥ 98%

茶籽净度：≥ 97%

破损率：≤ 4%

外形尺寸：7500 mm×4780 mm×2500 mm

适用范围

绝大多数油茶良种鲜果加工。

设备特点

由上料装备、分级装备、剥壳装备、粗筛装备、控制系统等组成，实现油茶鲜果到湿籽的高效快速处理。采用柔性滚动碾搓可调间隙脱壳技术进行采后加工前端经济处理。

油茶果剥壳机

100-38

主要技术参数

整机质量：60 kg

剥壳率：≥ 98%

籽皮破损率：≤ 0.1%

加工能力：125 kg / h

单机能耗：≤ 1 kW

外形尺寸：1200 mm×500 mm×800 mm

适用范围

各种果实机械的剥壳作业，山区的茶农对油茶球果的剥壳方式是手工剥壳，工效低、浪费劳力。

设备特点

润壳率高，茶籽破碎率极小，设备轻便，运输方便，易于操作，使用安全。通过机械柔性挤压的方法剥壳，在油茶果剥壳机挤压筒内侧设有橡胶层，使油茶果在三棱式锥形的挤压轴和橡胶层之间相互挤压，实现了通过两三次的脱壳，油茶果的剥壳率高达 98%，籽皮破损率在 0.1% 以下。具有剥壳率高、籽皮破损率小、单机造价底、加工能力强等特点。

林果轨道运输机

100-39

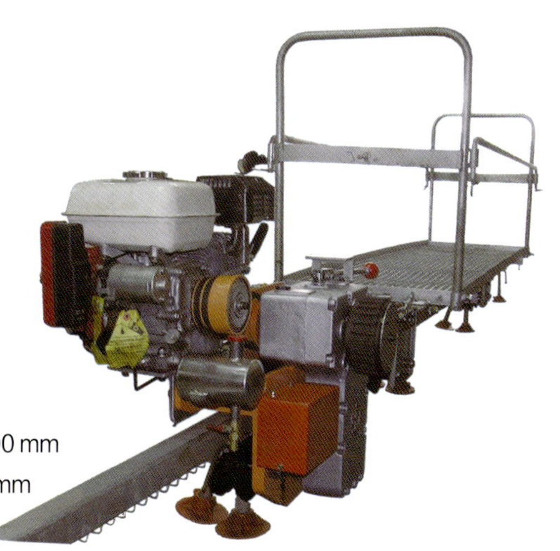

主要技术参数

额定载质量：300 kg

行驶速度：1.55 km / h

最大运行坡度：60°

配套动力：四冲程风冷汽油机

动力标定功率：4.7 kW

动力标定转速：3600 r/min

外形尺寸（驱动部分）：800 mm×550 mm×700 mm

载物台外廓尺寸：2270 mm×620 mm×1080 mm

适用范围

南方山地无运输道路的果园、竹林、油茶林、经济林中的果实、农药、化肥、竹子、竹笋等的运输。

设备特点

占地面积小、地形适应能力强、自身重量轻，运行平稳、易于操作，可以广泛用于山地运输，能解决狭小空间、上下坡（或阶梯）等山地运输货物无法开通道路和使用车辆运输的场合所使用，大大减轻劳动强度，是补充农村劳动力的一款很实用的工具。

4ZG-27 型摇果机

100-40

主要技术参数

配套动力：≥ 51.5 kW

结构形式：后置式

整机质量：995 kg

果树收获最大直径：≤ 270 mm

夹持钳振幅：≤ 5 cm

夹持钳震动频率：10 ~ 12 Hz

外形尺寸：2800 mm×1750 mm×2200 mm

适用范围

红枣、核桃、橄榄、椰子、坚果、板栗等果实的采摘作业。

设备特点

高效的果实采收设备，效率高、易操作，每分钟可收获 2 棵树的果实。

SF8K101 型 手持旋切式锂电采胶机

100-41

主要技术参数

切割厚度（耗皮量）：0 ~ 3.0 mm

旋转刀架直径：30 mm

额定功率：100 W

额定电压：D.C. 18 V

空载转速：1200 r / min

割胶速度：50 ~ 70 mm / s

电池包容量：4000 / 2000 mah

续航能力：400 ~ 700 棵（4 ~ 6 h）

整机耐久性：≥ 700 h

充电器额定电压：220 V

主机长度：230 mm

净重：0.55 kg

适用范围

橡胶采集。

设备特点

胶树的有效利用率提高 30% 以上，采胶树位死皮率从 25% ~ 50% 降低到 5% ~ 10%；采胶作业工作强度大大降低 。工作效率明显提高，用传统胶刀，切割一棵树的割线，需要 9 ~ 12 s，用采胶机切割一棵树的胶线仅需要 3 ~ 6 s。切割效率提高 2 倍以上，每班切割胶树的数量可增加 1.5 倍。

林木生产机械

026
/
030

林木联合采育机

100-42

主要技术参数

整机重量：15500 kg

额定功率：85 kW

液压系统额定压力：30 MPa

液压系统额定流量：2×120 L / min

最大牵引力：100 kN

采伐径级：40 ~ 510 mm

打枝径级：40 ~ 430 mm

外形尺寸：7760 mm×2600 mm×3090 mm

适用范围

林木采伐产业及清林抚育产业，可以对 40 ~ 510 mm 径级的林木进行采伐造材及清林抚育工作。

设备特点

设备从结构设计到部件制造均实现了国产化，自主研发配置了采育机电液先导控制系统。采用了全新自主研发设计的控制系统，可以实现精准控制采育过程中各液压元件的压力数值，同时可以对造材长度、最小造材直径进行实时设置，并记录造材体积、造材总长度、采伐区域等信息；造材精度高，可以实现目标值 ±2 cm 的精准造材，平均单棵采伐时间为 29.6 s，每小时采伐量可达到 120 ~ 150 株，与传统人工采伐、清林相比，极大地提高了工作效率。

32J-30 型 自行式轻型绞盘机

100-43

主要技术参数

牵引力：30 kN

钢索长度：100 m

行驶速度：3.6 km / h

牵引速度：0.25 ~ 0.5 m / s

发动机功率：11 kW

适用范围

主伐及抚育伐的原条或原木的小集中作业。

设备特点

结构紧凑、重量轻、操作简便、转向灵活、越野性能好、绞盘牵引力大、工作可靠。

915EFM 型抓木机

100-44

主要技术参数

整机重量：14.3 t

额定功率：86 kW

液压系统额定压力：34.3 MPa

液压系统额定流量：2×120 L / min

最大牵引力：122 kN

外形尺寸：7.75 m×2.49 m×2.9 m

适用范围

林地集材、装车等作业。

设备特点

配机械式 / 液压式抓木器。抓木器最大开档：2000 mm，作业效率 15 ~ 30 m^3/h，最大作业半径 8720 mm。

915EFM 型集材机

100-45

主要技术参数

整机重量：15.8 t

额定功率：86 kW

液压系统额定压力：34.3 MPa

液压系统额定流量：2x120 L / min

最大牵引力：162 kN

外形尺寸：11.5 m×2.49 m×3 m

适用范围

林地集材作业。

设备特点

最大工作半径 25 m，可覆盖 50 m 陡坡范围；最大工作角度 40°，可完成 40° 坡度下任意位置的工作；伸缩一次时间 35s，提高工作效率；最大拖动重量 1250 kg，可一次完成更多工作，提高效率；搭载前置摄像头，为机手提供更准确的视野定位；专业伸缩臂制造商，产品更专业，质量更可靠；舒适的 ROPS 驾驶室采用树脂玻璃，同时配备专业的驾驶员保护系统。

956T 型抓木机

100-46

主要技术参数

下爪长：1520 mm

爪宽：2100 mm

最大张口高：1844 mm

闭合包容直径：900 mm

最小包容直径：400 mm

整机重量：1888 kg

上爪形式：整体

下爪齿数：2

闭合形式：交错

工作装置：标准臂 956.13

最高提升时爪水平段高：3976 mm

卸载高度（20°）3449

卸载距离（20°）1824

额定载荷：4.4 t

适用范围

林地、储木场于圆木装卸作业。

设备特点

32 款爪，12 款斗、3 款除雪、多种卸高及快换装置可供选择，满足多种工况。

山地竹材自动定段机

100-47

主要技术参数

锯片直径：400 mm

定段加工速度：800 ~ 1000 mm/min

送料速度：2500 ~ 3000 mm/min

竹筒定段长度：500 ~ 2000 mm

竹节识别率：98%

外形尺寸：

2800 mm×800 mm×750 mm

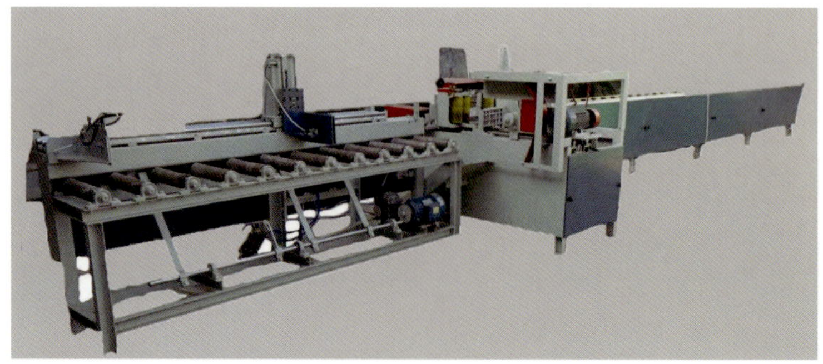

适用范围

山地原竹定段作业。

设备特点

通过对设备合理的布局，缩小了整机体积，开发了竹篼合理锯切、竹节自动识别、精准避让、竹筒可调定长定段等技术，实现了林区竹材采伐后就地避节定段，通过将竹材就地定段，配合移动式数控破竹机，解决了竹材下山难的问题。能够实现竹材有序进料，智能柔性定段。

WCFJ30-I 型 多功能轮式林木联合采育机（采伐机）

100-48

主要技术参数

额定功率：162 kW

整机长度：7408 mm

机械臂长度：9600 mm（收回）、宽度 2820 mm、高度 3200 mm

系统压力：25 MPa

最大爬坡度：＞23°

最大伐木径级：450 mm

机械臂最大作业距离：11000 mm

整机（伐木机）重量：17500 kg

适用范围

人工林抚育、采伐的全部（工艺）作业过程。

设备特点

集成了伐木、打枝、造材、归装、抚育作业装置。采伐、打枝和造材径级为 50 ~ 450 mm，机械臂作业最大回转半径为 11 m，持续作业时间超过 5h，自主研制的新型液压转向、铰接摆动轮式底盘，通过性强且对地表破小。锯切迅速、造材测量定位准确。自主研发的智能化监控系统，采用了总线控制的方式，具有机械臂、联合采育工作装置的控制、运行参数调控、材积实时计量与管理等功能，且人机界面良好。经过测试，多功能林木联合采育机每日工作按两班计采伐量在 260 ~ 300 m^3/d。

移动式数控破竹机

100-49

主要技术参数

刀具数量：8 把（8~10 把可选配）
送料速度：1800 mm / min
刀具外径直径：300 mm
加工竹段直径：60~150 mm
加工竹段长度：1200~2100 mm
电机功率：6.87 kW

适用范围

在竹林场现场将采伐后竹材破竹制成竹片。

设备特点

以柴油发电机作为移动动力源，集成了竹段自动检测、进料，竹段径级识别及自动换刀，快速对心及精准对心矫正，基于竹段壁厚定级机械手自动出料分类等技术，实现了竹材在山上进行破竹分片的快速化、自动化、连续化加工。取代将原竹运输下山再破竹的传统工艺。

实现竹片半成品下山，方便运输，降低成本。

森林保护机械

（病虫害防治和防扑火装备）

032
/
046

HLJ-SP5072-220 型太阳能虫害监测仪

100-50

主要技术参数

灭虫电压：3000 V

诱集光源电压：220 V

杀虫效率：90%

高度调节范围：2.1 ~ 4.5 m

有效半径：林地：100 m；农田：150 m

太阳能板对太阳光追踪情况：15° /h

额定载荷：4.4 t

适用范围

针对蛾蝶类等有趋光性的害虫进行灭杀和监测，可广泛适用于林区、果园、农田、苗圃、城市园林等地。

设备特点

采用铝型材框架结构结合电动旋转平台、液压油缸实现对太阳光的追踪和作业高度的调节，通过黑光灯诱虫、高压电网灭虫，应用微量传感技术、PLC 技术和 GPRS 技术，于 PC 端实现对虫害情况的监测。

车载自动高射程喷雾喷烟一体机

100-51

主要技术参数

配套动力：22.4 kW / 3000 rpm

雾谱范围：50~150 μm

喷筒转角：垂直面转角 −15° ~ 85°；水平面转角：0° ~ 270°

车载行驶速度：10 ~ 15 km / h

喷量：喷雾 200 ~ 1500 L / h

射程：垂直 30 ~ 35 m，水平 55 ~ 65 m

净重量：1500 kg

药箱容积：2000 L

外形尺寸：2500 mm×1310 mm×2150 mm

适用范围

三北防护林、田网防护林、速生用材杨树林、经济林、高速公路两旁绿化树、城市行道树等高大林木的病虫害防治，快速杀灭蝗虫以及大面积农林病虫害防治，城市绿化、垃圾堆场、大型体育场等室外大面积场所的细菌除虫。

设备特点

射程远（垂直射程 30 ~ 35 m，水平射程 55 ~ 65 m）、穿透性好；采用自动控制，遥控操作（可在驾驶室内操作），操作简单方便；超低量、低量、常量喷雾、用药省、药剂利用率高、污染小；可加装稳态燃烧喷烟装置；配 100 m 输药管，可进行常量喷雾；劳动强度低、工作效率高（每小时可防治 500 ~ 650 亩），防治成本低；喷雾机与车体可分离设计，提高汽车的使用率。

脉冲式烟雾水雾机

100-52

主要技术参数

药箱容积：7.5 L

油箱容积：1.8 L

喷药量：25 ~ 48 L

整机重量：7.8 kg

油耗：1.8 L / h

起动方式：手动

外形尺寸：1165 mm×316 mm×325 mm

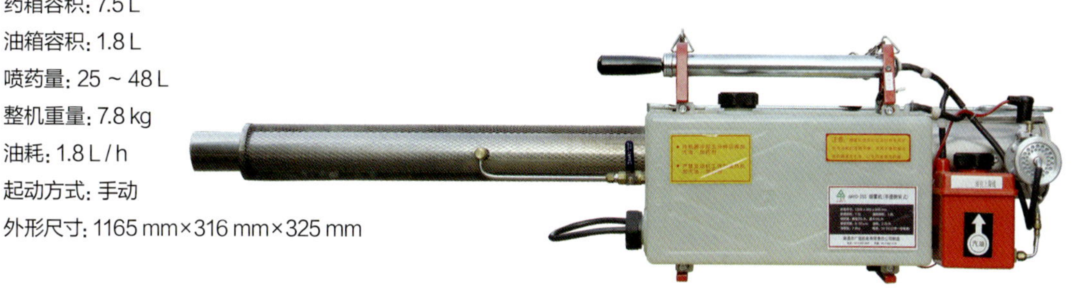

适用范围

小麦、水稻、玉米，果树、树木、橡胶树、蔬菜大棚等病虫害防治，卫生杀虫（菜场、垃圾场、下水道、仓库、船舱等处消杀）。

设备特点

启动型、稳定性好，喷量大（60 ~ 80 L/h）；效率高、用药省，防治成本低，弥漫性好、附着力高；采用集成式金属模压铸化油器、结构精巧合理，性能稳定可靠；高可靠性供油单向阀；造型优美，简洁轻巧，线条流畅，操作方便。

电动树干打孔注药机

100-53

主要技术参数

整机重量：9.8 kg

钻机扭矩：50 Nm

单次注药量：5 ~ 15 mL 可调

工作压力：0 ~ 4 MPa

钻孔直径：8 mm

药箱容积：3 L

操作或携带方式：背负式

外形尺寸：37 cm×35 cm×14 cm

适用范围

林业病虫害防治，园林、道路、小区树木养护。

设备特点

创新型树干注射施药器械，箱体内设有药壶和电池，通过加压杆实现加压，将药物注射进树体内，再通过树木的蒸腾拉力，将药液送至靶标，前端工作头的旋转密封装置，实现了可靠的注射，同时便于钻头的快速拆装，提升效率。整个操作步骤不同于传统的喷药、灌根等方式，打孔、注药、封堵一气呵成，能够做到无环境污染、无噪音污染。可提供 4 MPa 的高压，注药效率可达 40 mL / min，能够突破各类树种的阻力，使药物顺利注入树体，不受流胶影响，一年四季均可作业，一次注射，药效长达数年。

遥控履带自走式果园风送喷雾机

100-54

主要技术参数

油箱容积：7 L

药箱容积：200 L / 300 L

雾谱范围：50 ~ 150 μm

喷药量：200 ~ 800 L / h

工作压力：1 ~ 3 MPa

水平喷幅：8 ~ 12 m

垂直射程：4 ~ 6 m

行走速度：1.5 ~ 4 km / h

防治效率：20 ~ 30 亩 / h

整机净重：644 kg

外形尺寸：1930 mm×930 mm×1280 mm

适用范围

大面积种植的葡萄、苹果、桃树、梨树、柑橘、猕猴桃等果园病虫害的防治。

设备特点

配备原装本田发动力，行走与风送系统双发动机，动力强劲，爬坡度 25°；采用电控履带底盘系统，实现了全功能的无线遥控，实现人机分离，底盘各功能（前进、后退、左转、右转、加档、减档、油门加、减）全部采用摇杆式无线遥控操作，方便，简单，可靠。遥控器采取电脑双功发射，防止遥控器和接受机有一方发生故障本底盘都能立刻停止工作，确保安全作业；可与多种作业机具配套，提高了履带底盘的利用率，降低购置成本，如果园喷雾机、粉碎机、施肥机、大型喷烟机、果园枝条修剪机、旋耕机、挖坑机等作业机具配套。

3WDY-20 型 多旋翼烟雾无人飞机

100-55

主要技术参数

旋翼：六旋翼

空机质量：24.6 kg（含电池）

展开尺寸：1500 mm×1730 mm×600 mm

折叠尺寸：850 mm×900 mm×600 mm

药箱容积：10 L

油箱：1.6 L

最大起飞质量：78 kg

悬停性能：空载 18 min，满载 12 min

抗风等级：6 级风

安全防护：具备功能

汽油油耗：2 ~ 2.5 L / h

电池：2 块（22.2 V、22000 mAh）

适用范围

平原丘陵山地的人工及自然林，各地的大型林场、防护林、经济林等大面积病虫害防治。

设备特点

无人机 6 个旋翼能产生强大的下风压场，减少烟雾漂移，将烟雾下压到需要作业的农作物或者树林中，效率非常高。

烟雾机产生的烟雾量大，弥漫性好，不需要每步都进行作业，烟雾弥漫之处，都会慢慢地沉着黏附，更省药，效果更好。

无人机的操作性简单快捷方便，经过专用培训后，即可上手操作作业，故障率低，维护成本不高。

WBCH450–D 大型专业树木粉碎机

100–56

主要技术参数

发动机功率：190 HP

系统电压：24 V

输送带：41 cm×91.5 cm

最大切削直径：450 mm

刀片数量：4

刀片尺寸：310 mm×120 mm×18 mm

进料口：610×450 mm

进料速度：32 m / min

工作效率：15 t / h

外形尺寸：5480 mm×1960 mm×2800 mm

整机重量：4900 kg

适用范围

林区的松材线虫病疫木粉碎和园林、市政绿化废弃物处理。

设备特点

拥有智能进料及 ECO 系统若进料太大或木材太硬，该系统会自动停止或倒转进料辊，保障设备安全；当机器切削负荷降低时，发动机自动减速，节省燃油。智能故障排除警示系统，能显示发动机故障代码、工作小时数、油温、机油压力等；智能检测端口，能立即检测设备故障。喂料槽周边设有急停保护杆，入料口还设有急停拉绳，充分保证操作者安全。拥有自动刹车系统。采用机动进料辊 + 输送带自动送料方式。刀片平均使用寿命达到 500h。

3ZQ–32C 大型枝条切碎机

100–57

主要技术参数

额定功率：62 kW

最大直径：320 mm

进料口尺寸：1300 mm×795 mm×740mm

最大送料速度：36 m / min

刀辊转速：2180 r / min

整机质量：2160 kg

适用范围

林区的松材线虫病疫木粉碎和园林、市政绿化废弃物处理。

设备特点

配置了常柴 4 L 88 84 马力电控涡轮增压柴油发动机。研发的 CAN 总线控制切削粉碎系统，在其智能控制系统识别运转下，根据树木大小和软硬程度可自动匹配转速，作业效率提升达 15% 左右，发动机超载风险降低 20% 左右，燃油经济性更高。粉碎大直径树木时，独有的超负荷保护机构会自动识别并停止送料，待过载消除后 (快速补充动能耗时仅 1.5s) 再继续自动送料。进料口全方位多重安全防护机构，可有效保证作业人员的安全。

松材线虫病疫木粉碎机

100-58

主要技术参数

额定功率：18.4～103 kW

最大粉碎直径：16 cm、25 cm、35 cm、40 cm、50 cm

切削结构：盘式或鼓式

碎化率：95%

粉碎颗粒直径：≤10 mm

刀盘制动：多片式摩擦制动

进料方式：液压自动进料

进料速度：0～45 m / min，无级调整

工作方式：固定，可拖挂移动，带万向移动轮

适用范围

林区的松材线虫病疫木粉碎和园林、市政绿化废弃物处理。

设备特点

采用全新自主研发的控制器，可适配不同动力源，实时监测发动机和整机的运行状态并发出警告，减少设备故障率，自动控制进退料等。在符合国标的基础上应用了最新的行业和团体标准，可选进料安全拉绳、进料感应手环等多种防护机构，保障操作人员安全。有自动控制、安全保护相关、方便换刀、易于拖行、操作简捷等方面的多个国家专利。

LF1352JP 型多功能履带式森林消防车

100-59

主要技术参数

额定功率：99.3 kW
最高车速：15.06 km / h
最大爬坡度：> 35°
牵引功率：60 kW
最大牵引力：50 kN
最小离地间隙：540 mm
垂直越障高度：0.7 m
通过堑壕宽度：1340 mm
带排障器
30kN 液压绞盘
水箱容积：4 m^3
遥控水炮射程：50 m
水泵流量：30 L / s
自吸能力：3 ~ 7 m

适用范围

森林和草原火灾扑救、清火、运兵开设防火通道、物资补给救援。

设备特点

采用中置式水泵，可自动引水，整车结构更加合理。选配手动 / 电控水炮，可实现 50 m 半径 360° 喷射覆盖，可实现远距离取水，泡沫、水混合灭火。配置了排障器、液压绞盘机、开沟犁、发电机等附属器具，提升了消防车的综合功能。功能齐全，性价比高。

SVX750 型全道路森林草原消防车

100-60

主要技术参数

整车重量：15 t

发动机功率：93 kW

最大爬坡能力：35°

最高速度：30 km / h

最大载水量：7.5 t

最大喷水效率：1.5 t / min

正常喷水射程：25 m

正常灭火直径：50 m

高压水炮射程：50 m

高压水炮灭火直径：100 m

外形尺寸：8300 mm×2200 mm×2400 mm

适用范围

森林、草原、城镇等复杂道路和地形的消防灭火；公路、林道、草原道路坡度 35° 以下可以通过灭火；林地、草原、城镇坡度 30° 以下复杂地形可以通过灭火。

设备特点

采用 8 轮液压驱动、折腰式结构，转弯半径小、地面压强小，爬坡、越障、通过能力强。消防与林业、草原集材、集草车共用一种轮式液压驱动底盘，实现了模块化组装，生产和森林草原消防按季节进行改装，生产、消防两不误，利用率高。

以水灭火森林消防车

100-61

主要技术参数

最高车速：≥ 50 km / h

最小离地间隙：183 mm

转弯半径：3277 mm

发动机排量：275 CC

启动方式：电启动

灭火装置：动力喷雾装置

装置最大功率：4 kW / 4000 r / min

额定流量：10 L / min

喷射距离：≥ 12 m

有效喷射时间：≥ 10 min

灭火级别：4A(A 类火) / 34B(B 类火)

外形尺寸：2090 mm×1180 mm×1460 mm

适用范围

森林草原消防、抢险救援和安全巡逻。

设备特点

结合森林、草原等特殊地区消防需要，在全地形特种车辆基础上通过改进设计并加装相关消防装置而研制开发的一种新型消防装备。

根据用户不同需求，该车配备了喷雾灭火、水泵灭火、抢险救援等消防装置，既可用于消防灭火和抢险救援等任务，又可以用于日常的消防安全巡逻，满足了消防部门对森林火情、草原火情的早发现、早扑救的要求。

造型美观大方，功能齐全，骑乘舒适，动力强劲，结构合理，维修方便。

LY1352JP 型 多功能履带式森林运兵车

100-62

主要技术参数

额定功率：99.3 kW

最高车速：15.06 km/h

最大爬坡度：> 35°

牵引功率：60 kW

最大牵引力：50 kN

最小离地间隙：540 mm

垂直越障高度：0.7 m

通过堑壕宽度：1340 mm

带排障器

30 kN 液压绞盘

开沟犁

适用范围

森林和草原物资、人员运输、开设防火隔离带、救援。

设备特点

具有林区通过性强，可涉水爬山作业，载重量可达 5 t。配置排障器、液压绞盘机、开沟犁、发电机等附属器具，提升了运兵车的综合功能。

背负式风力灭火机

100-63

主要技术参数

有效风力灭火距离：≥ 220 cm

灭火机出口风量：≥ 0.4 m^3/s

整备质量：≤ 13 kg

燃油箱容积：2.6 L

耳旁噪声值：≤ 105 dB(A)

外形尺寸（不含风筒）：360 mm×330 mm×510 mm

适用范围

森林草原防扑火。

设备特点

根据国内森林消防特点和灭火队员需求进行设计而成的全新一代的风力灭火单兵装备，具有品质可靠、重量轻、风速高、风量大、启动容易、操作便捷背负舒适等特点，属于更新换代的高效风力灭火机具。

PN840 型风力灭火机

100-64

主要技术参数

发动机型式：水平对置双缸，风冷

发动机排量：84 CC

功率：5.5 kW / 8500 r / min

油箱容积：2300 mL

出风口流量：0.78 m^3 / s(2800 m^3 / h)

出风口风速：77 m / s

净重量：9.5 kg

适用范围

森林和草原火灾扑救、开设防火通道、救援；也适用清扫道路落叶、路面灰尘、垃圾，清理草坪落叶修剪后的杂草等。

设备特点

水平对置发动机，双缸惯性力完全抵消，整机运行平稳，振动小；高功重比设计，结构紧凑，重量轻巧，功率强劲。相较同排量机器，高功率可带来更高的风量，提高工作效率。外观新颖，实用性强，整机符合欧Ⅴ和 EPA Ⅲ排放法规。可高转速持续工作，作业效率高，轻便、灵活。

森林消防泵

100-65

主要技术参数

发动机型式：单缸、风冷、二冲程

最大功率：5.9 kW / 7000 r / min

启动方式：手拉反冲启动 / 电启动

水泵型式：单级离心泵

进水口直径：50 mm

出水口直径：40 mm

吸水扬程：7.5 m

最大扬程：175 m

最大流量：357 L/min

水枪射程：20 ~ 25 m

净重量：11.5 kg

外形尺寸：400 mm×320 mm×245 mm

适用范围

森林草地防扑火。

设备特点

重量轻，体积小，方便携行，特别适合于各种山地森林灭火作战，具有远距离、高扬程供水能力。水泵手启动与电启动并用，操作简单，维护方便。这是目前国内最先在森林火灾实战中参加灭火作业，并发挥关键作用的消防泵装备。

水陆两栖全地形森林草原消防车

100-66

主要技术参数

发动机型式：四缸、直列、汽油、四冲程

输出功率：50 kW

点火方式：飞轮永磁电机

润滑方式：机油强制润滑

起动系统：电动

油箱容积：38 L

水泵类型：单级离心泵

适用范围

能在丛林、山地、草原、沙滩、雪地、河流、湖面、泥泞湿地、沙漠等复杂地形自由行驶，尤其适用于消防人员和其他消防车辆难以涉足的场所消防作战。

设备特点

既能陆地消防作战，又能水上行驶作业；既能在水中实现远程供水，又能解决城市排涝和供水问题；既能运送消防物资，又能运送消防战士，是集多种复合功能于一体的综合消防装备。

车辆搭载高效节能的细水雾灭火设备和 13HP 手抬机动消防泵，还可以搭载其他消防器材。

森林草原火场应急通信保障车

100-67

主要技术参数

国六四驱 B40、B80

适用范围

森林草原火场通信保障。

设备特点

电子四轮驱动、中控门锁、电动车窗、智能一键启动、发动机电子防盗系统。

蟒式全地形森林消防车

100-68

主要技术参数

蟒式全地形双节履带车载重 1.5 t、2.5 t、4 t、6 t、10.5 t、31 t

适用范围

专为国内森林消防提供的专用车辆，在强悍的越野性能底盘的基础上，装配森林消防所用的专业灭火系统与通信设备，实现以水灭火功能。

设备特点

前后车体通过铰接机构链接，可实现车辆的俯仰、蛇形扭动的功能，较宽的 4 条履带同时具有驱动能力，使车辆具有越障高、越壕宽、接地比压低、可浮渡的特点。

远程森林灭火车

100-69

主要技术参数

载重：1.5 t

远程灭火系统最大射程：8 km

单发有效覆盖面积：24 m^2

适用范围

森林草原火灾火头遏制、灭火功能。

设备特点

具备直瞄/间瞄能力，炮弹可瞬时触发/延时引发，能有效压制山林火灾火头火舌，遏制火势快速蔓延，具备高机动、快速反应、远程压制灭火作战能力。

FD-4000型防火开带机

100-70

主要技术参数

选配动力：165 HP履带推土机

作业坡度：≤ 15°

最大工作行驶速度：4.5 km / h

开带器规格：1000 mm（直径）

单程开土带宽度：4 m

切土深度：35 cm

开带机重量：3 t

适用范围

适用于中蒙俄边境地带，森林资源保护价值高、重要保护目标等部位以及山脚田边开设生土隔离带，构建自然阻隔带、工程阻隔带，阻止明火逾越。

设备特点

可打通复杂地貌防火隔离带，实现地面仿形、缓解冲击、越过一定高度障碍物和独特圆盘翻土功能于一体，开设生土隔离带。解决以往靠人工火烧法建造防火隔离带的危险做法，为林区消防提供一种技术手段，提高森林防火机具机械化和现代化水平。

差动式大气电场测量仪

100-71

主要技术参数

闪电识别率：> 95%

落雷定位精度：< 1000 m

适用范围

应用于林区提高林火预警能力，使雷击火及时发现，及时扑救。

设备特点

基于林火数据、闪电定位和雷达资料的雷击火天气雷达监测预警和闪电调控作业指标提取等关键问题，通过研究地面电场传感器探测装置和利用网络技术组网，在典型试验区试验，形成可靠、高效的雷击火探测技术。

森林防火气象因子监测系统

100-72

主要技术参数

采集器供电接口：GX-12-3 P 插头

输入电压：5 V

采集器供电：DC 5 V ± 0.5 V

峰值电流：1 A

传感器 485 接口：GX-12-4 P 插头

输出供电电压：12 V / 1 A

设备配置接口：GX-12-4 P 插头

输入电压：5 V

充电控制器：150 W

数据上传间隔：30min 可调

高度：2.5 m

重量：20 kg

太阳能供电、配置铅酸电池，可选配 30 W 20 AH / 50 W 40 AH / 100 W 100 AH

适用范围

目前林区的火险等级预报都是整个地区的宏观预报，而各个防火责任区的微观情况却并不清楚，该系统就是在微观上解决这一问题。

设备特点

利用高精度传感器对重点地区进行实时监测与森林防火的环境参数，如温度、湿度、日照强度、风力、风向、可燃物湿度等，结合监测区的基础地理数据，林业专题数据与林业防火实测数据，进行火险等级的预报。

小火箭引雷防雷系统

100-73

主要技术参数

防护半径：3 ~ 5 km

成功率：>30%

适用范围

林区引雷、消雷作业。

设备特点

引导闪电到指定地点释放，防止雷击林火。

园林机械

048

/

061

绿化移（挖）树机

100-74

主要技术参数

输出功率：85 HP / 62 kW

转速：2500 r / min

倾覆载核：2500 kg

操作重量：5500 kg

操作方式：液控

行驶速度：13 km

操作高度：4460 mm

轴距：1200 mm

离去角：24°

离地间隙：202 mm

柴油箱容积：100 L

液压油箱容积：82 L

铲斗收斗角度：99°

卸载角：38°

适用范围

园林苗圃和绿化工程中移栽树苗、挖树球、行道树苗绿化移植。

设备特点

采用机电液一体化“静压切割”技术，被切根断面平齐，光滑，土球厚实，抗压碰，成活率高，标准苹果球形。挖树效率高，从下刀铲到把树挖出来，只需 0.5 ~ 1min。刀片采用进口德国高强度耐磨材料，经检测，施加外力，刀片连续弯曲 140°，连续操作 10 万次，释放外力可恢复原始工艺状态。履带主机可以 360° 旋转，原地零转弯，小巧灵活，履带可拆卸。动力采用进口发动机。属多功能机，可搭配铲土斗、清扫器、除雪机、货叉、钻孔机等几十种辅具。一分钟一棵树，挑着挖树一天大约 300 棵，清地挖 600 多棵。一台移树机相当于 30 ~ 100 个挖树工人在工作，常青挖树除了用常青履带一体机，也可以用挖机载动。

移树机

100-75

主要技术参数

适合树径：≤ 100 mm

树球直径：≤ 880 mm

适用范围

苗圃、苗木、园林绿化，可以对苗木进行快速挖掘、运输、栽植。机械化设备代替传统人工挖树。

设备特点

采用机电液一体化“静压切割”技术，可以“平齐、光滑”地切断根断面，土球厚实、抗压碰，树木成活率能得到明显提高。挖出的土球似“苹果形”，土球饱满，可更大程度地保留更多根系。提高移树效率和移栽苗的成活率，有助反苗。

052460 型 绿篱修剪器

100-76

主要技术参数

修剪宽度：1500 mm

最大修剪枝径：20 mm

适用范围

高速公路、国省干线、城市道路、市政园林的绿化修剪，绿化带、灌木、杂草等进行快速修剪。

设备特点

可根据不同工况选择切割装置（往复式刀头、旋转式刀头），满足多种作业要求。工作臂 180° 回转、工作刀具 360° 回转，角度调整灵活，可适应不同角度的修剪要求。全液压控制、操控简便、性能稳定、安全可靠。

边坡修整机

100-77

主要技术参数

修整工作宽度：1000 mm

水平偏转角度：30°

水平侧移：1320 mm

修整最大半径：4600 mm

工作速度：< 6 km / h

适用范围

高速公路、河道杂草坡地绿化带修整，以及市政园林绿化。

设备特点

大臂伸展最远可达 4.6m，能跨越各种护栏，进行长远距离修整。采用斜轴式柱塞马达，保持强劲动力驱动，工作效率高，耐压性好。电比例负载敏感控制系统，控制动作精准、平稳、可靠。设计有减震及浮动功能，可减缓冲击，保护工作装置不受损坏。可根据不同工况选择不同的切割装置，满足多种作业要求。

ZMDP553 型 绝缘锂电高枝锯

100-78

主要技术参数

修电机类型：BLDC 电机

最大输入功率：1.3 kW

锯链线速度：21 m / s

绝缘耐压等级：20 kV

最大切割高度：4.0 m

最大切割直径：250 mm

整机长度：3.0 m

净重量（不含电池包）：5.9 kg

58 V 4.0 Ah 电池包重量：1.8 kg

整机重量：7.7 kg

适用范围

与电线交织的清障作业，可以在不断电情况下清理枝叶，传动及操作杆部分采用绝缘材质，操作安全可靠。

设备特点

安全高效：适合于各种复杂的清障作业，传动及操作杆部分采用绝缘材质，可在 10 kV 以内高压下工作。

轻便灵活：整机连接头采用航空铝制作，传动及操作更加轻便灵活。

安静环保：整机动力采用 58 V 锂电池供电，具有动力强劲、使用成本低、洁净、安全等特点。

绿化修剪机

100-79

主要技术参数

轮胎型号：4.00 ~ 8 实芯橡胶

轴距：1550 mm

修剪刀幅：1300 mm

刀剪往复频率：0 ~ 3000 r / min 电子无级调速技术

主臂（伸缩）高度：2000 ~ 2800 mm

主臂旋转角度：0 ~ 180°

二臂长度：1500 mm

二臂俯仰角度：30 ~ 90°

行驶速度：5 ~ 20 km / h

动力电源：73 Ah / 48 V

工作时长：8 ~ 10 h

整机重量：710 kg

外形尺寸：2600 mm×1200 mm×2000 mm

适用范围

城市街道、广场、公园绿化修剪，可以平面、立面、斜面操作，可以剪断 2 cm 粗树枝；也可定制圆球、锥形修剪刀具，可以修剪平面、立面、斜面、圆柱面、锥形、圆球形等多种规则式修剪面。

设备特点

稳操控：采用整体部件下移式设计，重心降低，配合专用智能控制系统使整机更稳定，操作更稳健。

易维保：采用家族式、模块化设计。90% 的主要部件和 95% 以上的结构件，全系列通用。

长续航：动力系统搭载 73 Ah / 48 V 高容量电池组，动力更强劲，续航更持久，一次充电可使用 8 ~ 10 h。

更环保：配置纯电驱动专用车桥，以电池为动力源。噪音小、零排放、无污染，更环保。

更安全：配备双路接触感知防护系统，大臂采用优质钢材，安全性更高。

草坪割草机

100-80

主要技术参数

整机重量：33 kg

额定功率：3.1 kW

切割直径：510 mm

切割高度：25 ~ 75 mm

空载转速：2800 r / min

引擎型号：Honda GCV170

引擎排量：167 CC

集草袋容积：65 L

行进速度：3 ~ 4.5 km / h，5 档可调

前轮外径：7 mm

后轮外径：10 mm

外形尺寸：1660 mm×540 mm×1100 mm

适用范围

城市、小区、运动场绿化草坪修剪维护。

设备特点

行进方式为自驱式，不需要操作者通过手推的方式来提供动力，减轻了操作者的劳动强度。引擎采用自动风门结构。扶手杆高度，根据操作者身高不同，3 档可调。扶手杆可折叠放置，节省了储存空间。割草高度，可通过操作杆集中调节，有 7 档可供选择。可在侧排草、后集草、碎草三功能间快速切换。刀片经专门优化设计，确保了 100% 的集草率。刀座组件具有过载保护功能，确保刀片在撞上石头等障碍物时，能自动打滑，达到保护引擎的效果。

58V 锂电绿篱机（双刃）

100-81

主要技术参数

额定电压：58 V 锂电

充电时间：约 60min

刀片速度：3000 SPM

刀片长度：610 mm

切割直径：27 mm

适用范围

城市、小区绿化带园林修枝养护。

设备特点

高性能无刷电机，扭力大，振动小，寿命长。180° 5 档位置旋转角度切割，激光切割刀片耐用、易拆可换。可旋转后手柄。连续工作时间 3h 以上。

锂电高枝锯

100-82

主要技术参数

额定电压：58 V 锂电

充电时间：约 60 min

导板尺寸： 8 寸

操作杆可选长度：1.72 ~ 3 m

链轮速度：0 ~ 6500 r / min

链条速度：7 m /（s·min）

适用范围

园林修剪养护。

设备特点

高性能无刷电机，扭力大，振动小，噪音低。配备无极调速开关，高低速任意转换调节。可转换背包电池，超大容量 15 Ah，兼容多款电池。配备智能安全锁，液晶显示屏。

背负式风力清扫机

100-83

主要技术参数

配套动力：两冲程汽油机
输出功率：3 kW / 7000 r / min
排量：79.4 cm^3
平均风量：0.45 m^3/s
净重量：9.8 kg
油箱容积：2 mL
手感振动：4.6 m/s^2
耳旁噪声：101 dB(A)

适用范围

城市道路清洁、清扫落叶、积雪清扫、路面灰尘、垃圾等，也可用于居民区、学校、医院等企事业单位内卫生清理；快速更换部件后可以用于森林防护中有效扑灭中、弱度的灌木林木火灾、草原和林间地表火源。

设备特点

技术先进，采用自主专利设计的第二代低排放发动机，满足国二排放标准；全新设计风机风道，超大风量输出；高品质海绵内芯背垫，工作舒适，透气；带有工具包的双肩背带，并拥有快速释放结构，使用方便快捷。

手持式多功能汽油园林机

100-84

主要技术参数

配套动力：两冲程汽油机

油箱容积：1 L

排量：25.4 mt

怠速转速：2800±280 r / min

离合转速：3800±280 r / min

最大输出功率：0.8 kW

最大转速：8000 r / min

高枝锯割幅：240 mm

高枝剪割幅：390 mm

割灌机割幅：刀片 255 mm，绳轮 415mm

旋耕机：耕宽 300 mm，耕深 45 mm

水泵扬程：10 m

切边机调节高度：35 mm

适用范围

割草、修边、微耕、绿篱修剪、清扫、吹风、果树枝修剪甚至收获果实等十余种作业场景。

设备特点

一套驱动系统 + 多种不同工作环境的工作头，真正的多功能园林工具。可通过简单的拆装连接，即可实现割草、修边、微耕、绿篱修剪、清扫、吹风、果树枝修剪甚至收获果实等十余种功能。

手持式锂电多功能组合机

100-85

主要技术参数

额定电压：48 ~ 72 V

额定功率：1200 W

空载转速：4000 ~ 7800 rpm

续航能力：1 ~ 4 h

档位等级：4 档调速

适用范围

林草果园。

设备特点

功率大：达到 1200 W，优于国外同类产品的 576 W 和国内同类产品的 800 W。

工作头种类多：达到 13 种工作头，优于国外同类产品的 4 种和国内同类产品的 2 种。

续航能力强：达到 2 ~ 4h，优于国外同类产品的 0.5h 和国内同类产品的 1.5h。

使用寿命长：达到 100h，优于国外同类产品的 48h 和国内同类产品的 80h。

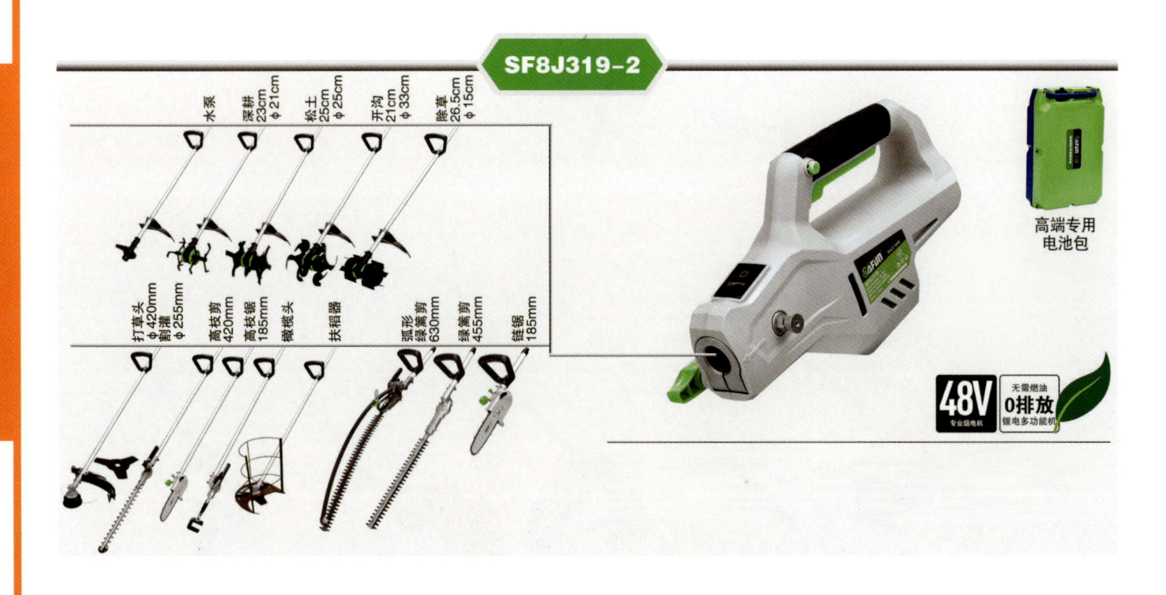

PN800M 型多功能园林机

100-86

主要技术参数

发动机型式：水平对置双缸、风冷、二冲程汽油机

发动机排量：84 mt

燃油箱容积 :1.2 L

功率：5.5 kW

转速：8500 r / min

动力净重：4.5 kg

整机功能指标：

减速箱：直齿轮两级减速

减速比：1:37

冲击频率：1500 次 / min

冲击能量：20 ~ 55 J

整机净重：16 kg

包装尺寸：690 mm×370 mm×270 mm

适用范围

复杂地形、石质山造林挖坑、林区道路修筑和苗圃移挖树等场合作业。

设备特点

集成多种功能，以一种动力总成为核心，通过快捷性机械接口，拓展多种功能，能满足不同作业场合需要。能在挖树、破碎、开沟、打夯等功能间实现转换，有效提高动力资源配置，配合多种属具的情况下快速适应多种作业目的；免工具快速转换接口，能实现快速转换。此外，产品采用轻量化设计，运用高功重比发动机设计技术，在保证产品功率输出的前提下，降低产品重量，减轻用户劳动强度。水平对置双缸动力大幅减少振动，整机运行平稳，有更好的用户体验，结构紧凑、重量轻巧、功率强劲。

WBGT6813-T 型 履带式高草碎草机

100-87

主要技术参数

额定功率：9.5 kW

碎草工作宽度：680 ~ 760 mm

移动速度：0 ~ 2.5 km / h

最大爬坡度：35%（20°）

变速箱驱动桥：最大 250N·m 无级变速驱动系统

转弯半径：≥ 63 cm

转向：左右轮差动转向

刀片型式：42 片连枷甩刀

把手形式：上下高低可调左右旋转

碎草留茬高度：0 ~ 90 mm

调茬方式：工作头摆动升降

适用范围

林地杂草清理、草原荒草处理、河塘岸坡、沟渠边坡杂草清理等。

设备特点

自主创新技术的大扭矩无极变速驱动桥，含前进后退档位，最低 0 转速输出，输出扭矩 ≥ 250N·m。

整机可配套 68 cm 和 76 cm 宽幅两种工作头，除草时直接高效碎草还田。

整机配套 13 马力汽油机动力澎湃，配合专业级圆柱滤芯和超大风冷滤网不惧野外恶劣工况。

操作者可根据需要随意快速调整扶手高度，也可左右转位适应野生环境下复杂的操作工况。

WBBC457SCV-SD-A 型高草割草机

100-88

主要技术参数

额定功率：3.1 kW

割草工作宽度：450 mm

工作速度：最大 1.02 m / s

变速箱驱动桥：发动机轴传动，三档齿轮调速

刀片型式：4 刃直刀

把手形式：上下高低可调 + 左右旋转

割草留茬高度：15 ~ 90 mm

调茬方式：前后轮独立调节底盘高度

适用范围

林地杂草清理、草原荒草处理，以及河塘岸坡、沟渠边坡等处的草地管理、灌草混合的复杂地形开荒和经济林果种植区等零碎地块的杂草修剪除草工作。

设备特点

新型轴传动手扶随进式高草割草设备，由发动机专用低速输出轴直接驱动自走变速箱，具有传动效率高、寿命长、免维护等显著特点。配套环保低噪声的专用大功率发动机及独有的可 180° 上下左右灵活转位的折叠把手，动力强劲，3 档自走调速，场地适应性更强。高强度钢底盘，表面磷化，电泳喷塑处理，高强度，经久耐用。

草原免耕混补播机

100-89

主要技术参数

配套动力：≥70 kW

作业宽度：3 m

播种行数：18 行

通用种箱容积：2000 L

豆科种箱容积：94×2 L

肥箱容量：257×2 L

作业速度：8 ~ 15 km/h

风机转速：2800 r/min

适用范围

适用范围广、作业速度高，排种性能好、可单播或混播，对天然草原退化草原补播具有很好的适应性，可以进行禾本科和豆科牧草种子的同行或隔行混播，同时可完成施肥作业，有效提高牧草种子的发芽率。

设备特点

采用波纹圆盘式破茬机构切断地表覆盖物的保护性耕作技术，有效地防止和减少土壤风蚀和水蚀；采用正压式气流外槽轮排种装置强制排种技术，可以不受种子外形尺寸和重力等物理特性的影响，播种均匀，可实现高速单粒体排种；不仅可以实现单品种补播施肥作业，也可以实现禾本科、豆科等多品种的同行混播、隔行混播或交叉混播作业；根据草地类型、植被及土壤等因素，可以配置不同型式的开沟器，如免耕圆盘式开沟器、倒“T”形开沟器。

豆科苜蓿种子联合收获机

100-90

主要技术参数

功率：74 kW

整机质量：2900 kg

割台宽度：2200 mm

理论作业速度：0 ~ 5.69 km / h

脱离滚筒直径：640×1835 mm

卸粮方式：机械卸粮

外形尺寸：5080 mm×2600 mm×2705 mm

适用范围

苜蓿草种子的收获，更换关键部件后可收获其他不同类型的豆科牧草种子。

设备特点

依据苜蓿种子及荚果的物理特性，专门为收获苜蓿种子而设计的收获装备，能够一次性完成苜蓿的收割、脱荚、脱粒、种子清选工作，既收获了苜蓿种子，又将收割后的苜蓿铺放成条，便于后续收集打捆，节约了成本，提高了收获效率；收获割台进行了加长，减少了割台损失；专门为收获苜蓿种子设计的清选筛，使筛面物料分散更均匀，清洁度更高，清选损失更低；清选风机转速经过调整，风量与所清选苜蓿种子相匹配，清选效果更佳； 增加了荚果复脱装置，使荚果二次脱粒，提高了其脱荚率。

户外林草机械装备目录（2021年）

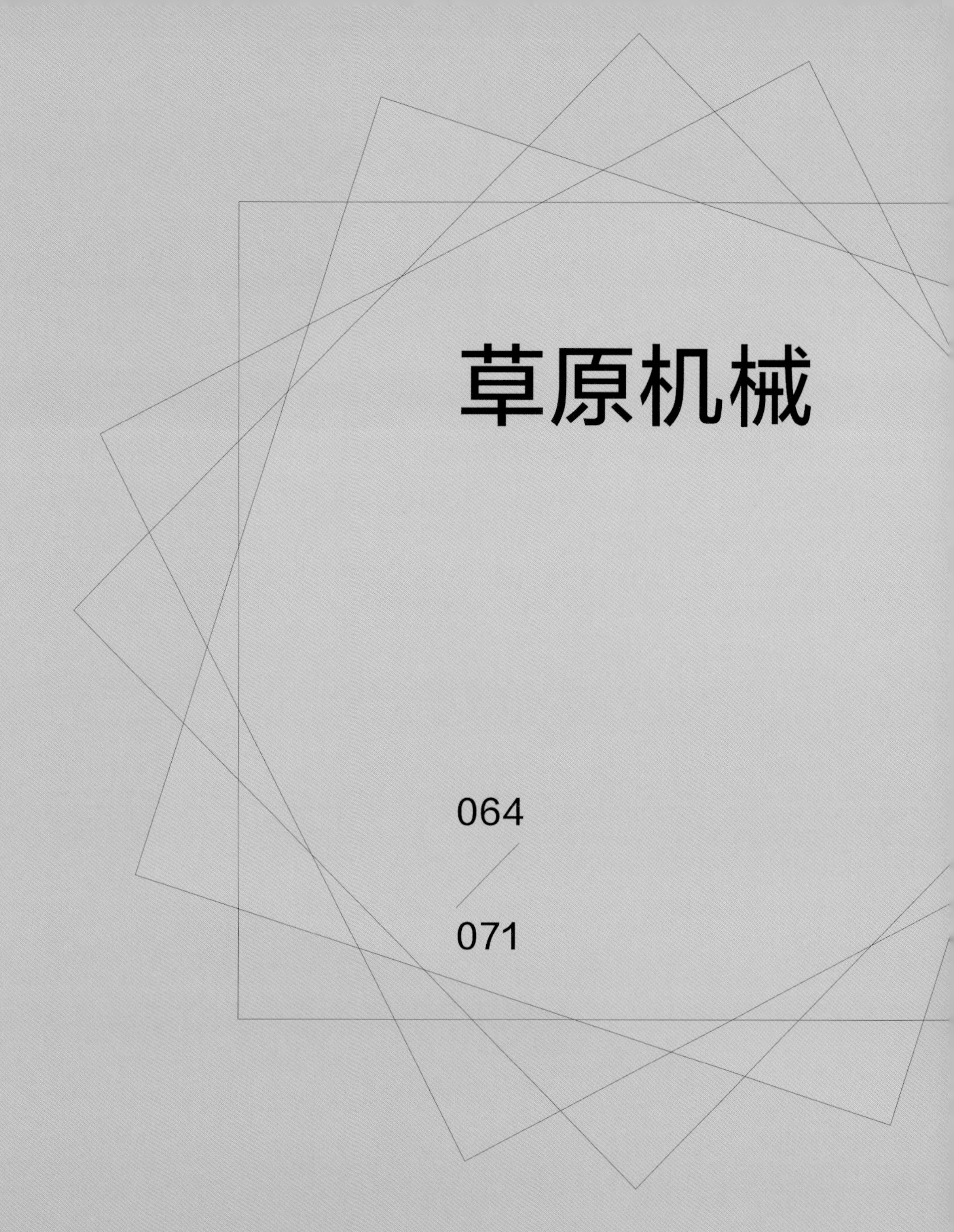

草原机械

064

071

牵引折叠式指盘搂草机

100−91

主要技术参数

配套动力：≥ 44.1 kW

最大工作速度：20 km/h

生产率：8.5 ~ 17 hm^2/h

适用范围

天然草原牧草的搂集、翻晒作业，也可用于人工种植草场的牧草搂集作业以及田间农作物秸秆的搂集作业。

设备特点

采用集草宽度可调技术、工作幅宽可调、运输作业状态转换折叠技术、指盘单体仿形和整机地面仿形技术，可实现集草宽度在 0.9 ~ 1.8 m 范围内调整；通过液压控制可将机器的运输状态和大搂幅作业状态自控切换；通过万向脚轮可以实现整机的仿形；通过悬吊式调节机构可以实现指盘的单体仿形及指盘对地作用力控制和保护指盘弹齿；通过万向脚轮上侧的摩擦张紧装置能够实现脚轮的无震颤工作，使整机工作平稳。

圆草捆捡拾卷捆机

100−92

主要技术参数

配套动力：≥ 75 kW

工作幅宽：2.2 m

辊筒数量：18 个

草捆尺寸（直径 × 高度）：1.2 m×1.4 m

适用范围

自动化程度高、适用范围广、生产率高，对天然草原、人工种植草场收获打捆具有很好的适应性，设备采用缠网捆包形式，捆型整齐规则，且草捆外紧内松具有良好的防雨性和通风性。

设备特点

应用高效、结构简单、低维护成本的无凸轮盘捡拾器，有效地提高了机器的捡拾效率；采用新型的连续强制喂入系统，喂入量大、防堵塞，并能有效提高对不同作物的喂入需求；采用智能控制系统，全自动操作，有效降低劳动强度，用户使用方便；利用负荷反馈控制和故障监测功能，实现故障自动停机报警；采用 GPS 和北斗技术实现实时监控圆捆机作业，智能化程度更高；采用小直径多辊卷压滚筒，有效提高草捆密度。

方草捆捡拾压捆机

100-93

主要技术参数

配套动力：≥ 26 kW

工作幅宽：1962 mm

草捆横截面尺寸：360 mm×460 mm

草捆长度：300 ~ 1320 mm

草捆密度≥ 130 kg / m^3

生产率：7 ~ 10 t / h

适用范围

使用可靠、机动灵活、适用范围广，可以完成天然草原牧草的打捆收获作业，捆型整齐规则，减少存贮空间，适用于远距离运输，可以有效地降低运输成本。同时适用于人工种植草场、农作物秸秆的收获打捆作业。

设备特点

采用正牵引结构的布局，草条从捡拾到形成草捆落地始终使牧草在机内沿直线运动，有利于提高活塞的往复频率，提高生产能力；采用低平弹齿滚筒式捡拾器，两侧配有仿形轮，不仅降低草条漏捡的损失，而且由于减少了干草捡拾时的提升高度，减少了花叶之间的揉搓脱落，降低了牧草营养损失；采用两自由度 U 形牵引架，实现了在水平面的左右摆动与以沿牵引方向为轴线的扭动，提高了机组在行驶与作业过程中的灵活性。动力输入设有安全离合器，主传动轴、压缩装置、捆绳装置都设有安全保护装置，当系统负载过大时，进行自动保护，切断拖拉机的动力传递，保护系统正常运行。

草原破土切根机

100-94

主要技术参数

型号：9QP-830

配套动力：≥ 60 kW

幅宽：2.4 m

切根深度：10 ~ 20 cm 可调

切根间距：20 ~ 40 cm 可调

适用范围

温性草甸草原、典型性草原中以根茎型或根茎疏丛型牧草为建群种或优势种、土壤坚实度较高的板结性退化草地。也可用于优质牧草种植地多年生牧草切根松土作业。通过盘齿式破土切根作业，实现高坚实度草原低扰动、无翻垡、不扬沙极窄缝破土切根，形成周围通透的土体结构，实现牧草复壮促生。

设备特点

基于低扰动构建适宜草原植被生长的根－土复合体土壤结构原理和切根促进牧草萌发的农艺要求，采用盘齿式月牙形切根刀组主动贯入土壤实现破土切根；应用优化的箭形刀身、偏心圆弧刃口曲线刀片和对称双螺旋切根刀组排列，保证作业阻力小，滑切性能及脱草性能好；快速切断草地亚表层稠密的横走根茎和疏丛根茎，不扰动其他根系，同时窄缝破土不翻转土层形成周围通透的土壤单体，对地表植被破坏小，作业后地面平整。

草原切根施肥补播复式作业机械

100-95

主要技术参数

配套动力：≥ 60kW

幅宽：2.4m

肥床深度：5 ~ 55 mm 可调

种床深度：≤ 10mm

适用范围

改良中度和重度退化草原。根据退化状况、原有植被生长情况，选择切根、切根施肥、切根施肥补（混）播不同改良作业方式，一机多用。

设备特点

创新的种肥沟分层、交错覆土开沟技术，便于高坚实度草地土壤条件下构建适宜牧草萌发的种床、肥床；采用电驱电控排种排肥自动控制技术，避免漏播、漏施，实现了小粒草种和肥料的分施和精量控制。

狼毒剔除机

100-96

主要技术参数

净重量：600 kg

额定功率：60 kW

施药系统：

幅宽：2200 mm

雷达测量范围：200 ~ 800 mm；

相邻喷头间距：400 mm；

药箱容积：400 L

外形尺寸：2540 mm×1170 mm×1222 mm

适用范围

草原毒草化治理。

设备特点

利用超声波测距原理，根据狼毒花期与草原其他牧草的明显高度落差以及茎叶密度差别，将狼毒的高度值转化为测量雷达与地面障碍物的距离值，解决了如何识别狼毒的问题。狼毒剔除机工作时，控制系统不断运行计算出雷达到障碍物距离数据，由控制器处理，当判断某个雷达探测到满足高度要求的信号时，控制器发出命令到执行器，控制相应的喷头开始喷药，各路喷头独立工作，互不干扰，从而实现定点喷药，剔除狼毒草。该机每小时剔除面积可达 16 亩，相较于人工剔除大大提高了工作效率。

马莲深层碎根剔除技术及设备

100-97

主要技术参数

配套动力：60 kW

入土深度：150 mm

工作速度：3 km / h

灭除效率：50% 以上

适用范围

北方一般退化草原，通过抑制马莲等杂草生长，提升草地的生产力。

设备特点

结合草原牧区广泛应用大中型马力拖拉机的具体情况，研制出 9QS-2.2 型马莲碎根机，该机以拖拉机牵引前进，能适用于大面积草场改良作业，能很好地满足切根深度的要求。作业过程中机具的振动小，对土壤扰动低，对地表植被破坏小，适用于不同地区草地杂草的剔除作业，机具通用性强，结构简单可靠，便于维护。作业后地表植被破坏小，地表平整。

气力式牧草精密播种机

100–98

主要技术参数

配套动力：≥ 55 kW 拖拉机

挂接形式：牵引式

排种器形式：气力式

播种深度合格率：75% 以上

作业幅宽：≤ 3.0 m

风机转速：3000 ~ 3500 r / min

行距：20 ~ 50 cm 可调

开沟器形式：双圆盘式、双圆盘式两种

镇压器压力：40 ~ 70 kg

整机重量：1800 kg

生产率：1.5 ~ 3 hm^2 / h

外形尺寸：3770 mm×3180 mm×1480 mm

适用范围

在人工建植草场和天然草场的牧草播种与补播。

设备特点

与55 kW以上拖拉机配套，能够一次完成破茬、开沟、施肥、播种、镇压等多项作业工序；排种精度高，排种性能稳定，播种合格率高。操作灵活。

草地蝗虫吸捕机

100-99

主要技术参数

配套形式：偏牵引

配套动力：≥ 44 kW 拖拉机

工作幅宽：1.8 m

吸头距地高度：180 mm 左右

作业速度：9 ~ 13.5 km / h

整机重量：2900 kg

适用范围

平坦草原 3 ~ 5 龄蝗虫的吸捕或虫情预报的采样收集，以及蝗虫养殖户对蝗虫的捕捉。

设备特点

采用物理方法防治草原蝗虫的新型植物保护机械。治理成本较低，不受草原气候影响，不污染环境，不摧残蝗虫天敌，实现对草原蝗虫的无毒无害化捕集治理。

禾本科羊草种子联合收获机

100-100

主要技术参数

功率：74.8 kW

割台宽度：2200 mm

理论作业速度：0 ~ 5.69 km / h

脱离滚筒直径：640×2018 mm

卸粮方式：机械卸粮

整机重量：2985 kg

外形尺寸：5120 mm×2620 mm×2870 mm

适用范围

天然草原、人工草场羊草种子收获，更换关键部件后可收获其他不同类型的禾本科牧草种子。

设备特点

能够一次性完成羊草的收割、脱粒、种子清选、收集工作，既收获了羊草种子，又将收割后的羊草铺放成条，便于后续收集打捆，减少了专门的收割羊草工序，节约了成本，提高了收获效率；超长、超大直径脱粒滚筒及特殊布置的专用羊草脱粒部件，使羊草种子脱净率≥ 99%，脱粒更轻松更干净；专门为收获羊草种子设计的清选筛，使筛面物料分散更均匀，清洁度更高，清选损失更低；配置旋转搓擦式复脱器，能够有效的将羊草断穗及穗头再次脱粒，复脱后再将其抛回清选筛清选，对残穗处理更干净。

附　录

户外林草装备机械名录

营林机械

序号	单位	设备名称	完成人
100-1	国家林业和草原局哈尔滨林业机械研究所	2RZ-J200 型 林木育苗装播生产线	汤晶宇
100-2	国家林业和草原局哈尔滨林业机械研究所	1GHY-45 型 林木球果烘干机	吴晓峰
100-3	国家林业和草原局哈尔滨林业机械研究所	1ZC-50 型 林木种子去翅精选机	吴晓峰
100-4	国家林业和草原局哈尔滨林业机械研究所	2ZDB-1000 型 林木种子带制作机	
100-5	国家林业和草原局哈尔滨林业机械研究所	2RBW-1500 型 无纺布育苗杯制作机	汤晶宇
100-6	国家林业和草原局哈尔滨林业机械研究所	BYJ-800 型 油茶苗木嫁接机	吴晓峰
100-7	国家林业和草原局哈尔滨林业机械研究所	2ZYZ-18 型 自行式苗木移植机	
100-8	国家林业和草原局哈尔滨林业机械研究所	林业播种机	
100-9	国家林业和草原局哈尔滨林业机械研究所	2MCX-1100 型 精细筑床机	
100-10	国家林业和草原局哈尔滨林业机械研究所	2MCF-1100 型 筑床施药机	
100-11	国家林业和草原局哈尔滨林业机械研究所	2FT-125 型 容器苗播种覆土机	
100-12	国家林业和草原局哈尔滨林业机械研究所	2BCS-402 型 步道除草松土机	
100-13	国家林业和草原局哈尔滨林业机械研究所	起苗机	
100-14	国家林业和草原局哈尔滨林业机械研究所	5KF-60 型 垦复机	
100-15	国家林业和草原局哈尔滨林业机械研究所	3GF-50 型 灌木仿形平茬机	徐克生 刘瑞林
100-16	国家林业和草原局北京林业机械研究所	3GSS-60 型 自走式沙棘枝条收割机	傅万四
100-17	国家林业和草原局哈尔滨林业机械研究所	3WG-40 型 机载挖坑机	
100-18	国家林业和草原局哈尔滨林业机械研究所	3GS-50 型 树穴松土机	李全罡
100-19	国家林业和草原局哈尔滨林业机械研究所	助力式挖坑机	
100-20	北京林业大学	多功能清林抚育割灌机	刘晋浩
100-21	绿友机械集团股份有限公司	驾乘履带式森林可燃物粉碎机	李　敏
100-22	潍坊拓普机械制造有限公司	割草碎枝机	高婷婷
100-23	永康威力科技股份有限公司	便携式山地锄草机	徐海南
100-24	山东华盛中天机械集团股份有限公司	背负式割灌机	周志洁
100-25	山东华盛中天机械集团股份有限公司	侧挂式割灌机	周志洁
100-26	浙江卓远机电科技股份有限公司	58V 锂电割灌机	徐海南
100-27	永康威力科技股份有限公司	便携式清林锯	徐海南
100-28	徐州屈恩工程机具制造有限公司	0513 系列拓荒机	龙　昊
100-29	天立泰科技股份有限公司	智慧林业和草原监测装备及系统	卢　勇
100-30	北京林业大学	多功能固沙集成技术装备	刘晋浩
100-31	国家林草局北京林业机械研究所	煤矸石山生态治理一机多用泥浆喷播机	闫承琳

续表

经济林果生产机械

序号	单位	设备名称	完成人
100-32	北京林业大学	油用牡丹果实收获机	赵 东
100-33	国家林业和草原局哈尔滨林业机械研究所	矮化香樟人工林枝叶收集机	白 帆
100-34	国家林业和草原局哈尔滨林业机械研究所	1500 型 油茶果脱壳机	汤晶宇
100-35	国家林业和草原局哈尔滨林业机械研究所	振动式油茶果采摘机	徐克生 汤晶宇
100-36	湖南省林业科学研究院	揉搓型 油茶果分类脱壳分选机	陈泽君
100-37	湖南省林业科学研究院	油茶果处理设备	陈泽君
100-38	湖北省林业科学研究院	油茶果剥壳机	张 风
100-39	福建省林业科学研究院 福建智辰智能农业装备有限公司	林果轨道运输机	高 锐 陈 炜
100-40	潍坊海林机械有限公司	4ZG-27 型 摇果机	周书良
100-41	浙江三锋实业股份有限公司	SF8K101 型 手持旋切式锂电采胶机	杨 锋

林木生产机械

序号	单位	设备名称	完成人
100-42	北京林业大学	林木联合采育机	刘晋浩
100-43	国家林业和草原局哈尔滨林业机械研究所	32J-30 型 自行式轻型绞盘机	
100-44	柳州柳工挖掘机有限公司	915EFM 型 抓木机	文 竹
100-45	柳州柳工挖掘机有限公司	915EFM 型 集材机	唐 林
100-46	国机重工集团常林有限公司	956T 抓木机	黄鸣辉
100-47	国家林业和草原局北京林业机械研究所 湖南林科院 湖南省林业科学院 安吉前程竹木机械有限公司	山地竹材自动定段机	周建波
100-48	北京林业大学 国机重工常林有限公司	WCFJ30-I 型 多功能轮式林木联合采育机（采伐机）	刘晋浩
100-49	国家林业和草原局北京林业机械研究所 湖南省林业科学院 福建呈祥机械制造有限公司	移动式数控破竹机	周建波 傅万四

森林保护机械（病虫害防治和防扑火装备）

序号	单位	设备名称	完成人
100-50	国家林业和草原局哈尔滨林业机械研究所	HLJ-SP5072-220 型 太阳能虫害监测仪	李芝茹
100-51	南京林业大学 南通市广益机电有限责任公司	车载自动高射程喷雾喷烟一体机	许林云 缪 陈
100-52	南京林业大学 南通市广益机电有限责任公司	脉冲式烟雾水雾机	许林云 缪 陈
100-53	绿友机械集团股份有限公司	电动树干打孔注药机	李 敏
100-54	南京林业大学 南通市广益机电有限责任公司	遥控履带自走式果园风送喷雾机	许林云 缪 陈
100-55	南通市广益机电有限责任公司	3WDY-20 型 多旋翼烟雾无人飞机	崔 华
100-56	扬州维邦园林机械有限公司	WBCH450-D 大型专业树木粉碎机	张 月
100-57	江苏沃得植保机械有限公司	3ZQ-32C 大型枝条切碎机	张 勇
100-58	绿友机械集团股份有限公司	松材线虫病疫木粉碎机	李 敏
100-59	东北林业大学 哈尔滨松江拖拉机有限公司	LF1352JP 型 多功能履带式森林消防车	孙术发 储江伟

续表

森林保护机械（病虫害防治和防扑火装备）

序号	单位	设备名称	完成人
100-60	北京林业大学 广西森工智能科技有限公司 河北哈沃机器人有限公司	SVX750 型 全道路森林草原消防车	刘晋浩 王　典 韩东涛 张继刚 张镇岳 张继铁
100-61	江苏林海动力机械集团有限公司	以水灭火森林消防车	陈　军
100-62	东北林业大学 哈尔滨松江拖拉机有限公司	LY1352JP 型 多功能履带式森林运兵车	孙术发 储江伟
100-63	江苏林海动力机械集团有限公司	背负式风力灭火机	陈　军
100-64	浙江派尼尔科技股份有限公司	PN840 型 风力灭火机	杨慧明
100-65	江苏林海动力机械集团有限公司 235	森林消防泵	陈　军
100-66	浙江西贝虎特种车辆股份有限公司	水陆两栖全地形森林草原消防车	刘　林
100-67	北京北汽森防汽车有限公司	森林草原火场应急通信保障车	杨喜武
100-68	哈尔滨北方防务装备股份有限公司	莽式全地形森林消防车	陈亚男
100-69	哈尔滨北方防务装备股份有限公司	远程森林灭火车	陈亚男
100-70	国家林业和草原局哈尔滨林业机械研究所	FD-4000 型 防火开带机	吴晓峰
100-71	国家林业和草原局哈尔滨林业机械研究所	差动式大气电场测量仪	付　琼
100-72	国家林业和草原局哈尔滨林业机械研究所	森林防火气象因子监测系统	羿宏雷
100-73	国家林业和草原局哈尔滨林业机械研究所	小火箭引雷防雷系统	

园林机械

序号	单位	设备名称	完成人
100-74	济宁市常青矿机有限责任公司	绿化移（挖）树机	赵　磊
100-75	徐州屈恩工程机具制造有限公司	移树机	龙　昊
100-76	徐州屈恩工程机具制造有限公司	052460 型 绿篱修剪器	龙　昊
100-77	徐州屈恩工程机具制造有限公司	边坡修整机	龙　昊
100-78	浙江中马园林机器股份有限公司	ZMDP553 型 绝缘锂电高枝锯	宋振兴
100-79	济宁市常青矿机有限责任公司	绿化修剪机	赵　磊
100-80	宁波大叶园林设备股份有限公司	草坪割草机	吴文明
100-81	浙江卓远机电科技股份有限公司	58V 锂电绿篱机（双刃）	徐海南
100-82	浙江卓远机电科技股份有限公司	锂电高枝锯	徐海南
100-83	山东华盛中天机械集团股份有限公司	背负式风力清扫机	周志洁
100-84	山东华盛中天机械集团股份有限公司	手持式多功能汽油园林机	周志洁
100-85	浙江三锋实业股份有限公司	手持式锂电多功能组合机	李　杰
100-86	浙江派尼尔科技股份有限公司	PN800M 型 多功能园林机	杨慧明
100-87	扬州维邦园林机械有限公司	WBGT6813-T 型 履带式高草碎草机	严淮生
100-88	扬州维邦园林机械有限公司	WBBC457SCV-SD-A 型 高草割草机	严淮生
100-89	中国农业机械化科学研究院 呼和浩特分院有限公司	草原免耕混补播机	王　强
100-90	中国农业科学院草原研究所	豆科苜蓿种子联合收获机	万其号 布　库

草原机械

序号	单位	设备名称	完成人
100-91	中国农业机械化科学研究院 呼和浩特分院有限公司	牵引折叠式指盘搂草机	王　强

续表

草原机械

序号	单位	设备名称	完成人
100-92	中国农业机械化科学研究院 呼和浩特分院有限公司	圆草捆捡拾卷捆机	王　强
100-93	中国农业机械化科学研究院 呼和浩特分院有限公司	方草捆捡拾压捆机	王　强
100-94	中国农业大学	草原破土切根机	尤　泳
100-95	中国农业大学	草原切根施肥补播复式作业机械	王德成
100-96	狼毒剔除机	狼毒剔除机	赵建柱 王国业
100-97	中国农业大学	马莲深层碎根剔除技术及设备	王光辉
100-98	内蒙古农业大学	气力式牧草精密播种机	赵满全 刘　飞
100-99	内蒙古农业大学	草地蝗虫吸捕机	杜文亮
100-100	中国农业科学院草原研究所	禾本科羊草种子联合收获机	万其号 布　库